Hormone

von

Dr. Wilfried Hanke
Professor an der Universität Frankfurt

3. völlig neu bearbeitete Auflage
Mit 38 Abbildungen und 10 Tabellen

Sammlung Göschen Band 1141/1141 a

Walter de Gruyter & Co · Berlin 1969
vormals G. J. Göschen'sche Verlagshandlung · J. Guttentag, Verlagsbuchhandlung · Georg Reimer · Karl J. Trübner · Veit & Comp.

Die 1. und 2. Auflage dieses Bandes (1940 bis 1959) wurde von Professor Gottfried Koller verfaßt.

 — Archiv Nr. 7800 691. — Satz und Druck: Verlagsdruckerei E. Rieder, Schrobenhausen. — Printed in Germany.

Inhalt

Vorwort

Die Hormonforschung ist für einen weiten Leserkreis vor allem wegen ihrer medizinischen Bedeutung interessant. Zum Verständnis der Wirkung der Hormone beim Menschen, zur Kenntnis ihrer Funktion bei Krankheiten und bei den Reaktionen des Gesunden ist es jedoch notwendig, über ihre biologische Bedeutung bei allen Lebewesen und den Wirkungsmechanismus in der Zelle und im Gewebe Bescheid zu wissen.

Gottfried Koller, der Altmeister der vergleichenden Endokrinologie, hat das Büchlein „Hormone" 1949 zur zweiten Auflage neu bearbeitet und es bereits danach ausgerichtet, eine universelle vergleichende Übersicht der Hormonwirkungen bei allen Lebewesen zu geben. Die endokrinologische Forschung hat seit dieser letzten Bearbeitung weitgreifende Erkenntnisse gebracht, so daß das Buch völlig neu geschrieben werden mußte, um dem Fortschritt gerecht zu werden. Es ist aber noch immer vom Gedankengut der vergleichenden Endokrinologie her aufgebaut. Allgemeine Gesetzmäßigkeiten der Hormonwirkung und der Grundgedanke der phylogenetischen Entwicklung stehen im Vordergrund der Betrachtung.

Während im englischen Schrifttum mehrere „Textbooks" dem Studenten diesen Wissensstoff darbieten und auch einige einfachere Einführungen existieren, gibt es praktisch keine deutschsprachige umfassende Bearbeitung dieses Gebietes. Dies ist sicherlich bedauernswert, da die Hormonphysiologie eine wichtige Vermittlerrolle zwischen Biochemie, Stoffwechselphysiologie, Zoologie, botanischer

Wirkstoff-Forschung und der Medizin innehat. Möge das Büchlein diese Lücke schließen helfen und Studenten und Fachkollegen ein einfaches Mittel hierzu in die Hand geben.

Für die Durchsicht des Manuskriptes und manche wertvolle Anregung danke ich meiner Mitarbeiterin Frau Dr. K. Bergerhoff, für Beratung in botanischen Fragen Herrn Dr. H. W. Kohlenbach.

Frankfurt a. M., im November 1968

Wilfried Hanke

A. Einführung in die Grundlagen der Hormonphysiologie

I. Entdeckung der Hormone und Geschichte der Hormonforschung

Der erste Nachweis eines Wirkstoffes, der von einem Körperorgan abgegeben wird und nach Verbreitung im Körper an einer bestimmten Stelle Wirkungen entfaltet, erfolgte durch BERTHOLD (1849). Er stimulierte bei Hähnchen das Wachstum des Kammes durch Einpflanzen von Hodengewebe. Ein Stoff mußte von diesem Implantat ausgegangen sein und das Kammgewebe zur Vergrößerung angeregt haben. Im Jahre 1875 injizierte dann BROWN-SEQUARD Glyzerin-Extrakte aus Hodengewebe in Menschen und wollte danach Verjüngungserscheinungen feststellen können. Diese Nachricht wurde natürlich mit viel Interesse und Begeisterung aufgenommen, da sie einen Traum der Menschheit zu erfüllen schien. Spätere Untersuchungen ergaben, daß dem Gonadenhormon Testosteron eine solche Wirkung nicht zugeschrieben werden kann.

Auf stoffliche Wechselbeziehungen konnten schließlich MERING und MINKOWSKI im Jahre 1889 die Zuckerkrankheit zurückführen, als sie entdeckten, daß bei Hunden die Entfernung der Bauchspeicheldrüse zu Diabetes führt. Wieder andere Effekte erkannten OLIVER und SCHÄFER (1895): Durch Einwirkung chemischer Extrakte des Nebennierenmarks erhöht sich der Blutdruck. Wie wir heute wissen, ist dies eine wichtige Reaktion auf Noradrenalin. Diese Untersuchungen führten im Jahre 1901 zur Isolierung und Identifizierung von Adrenalin, das damit als erstes Hormon von TAKUMINE in kristallisierter Form gewonnen wurde.

Der Begriff Hormon (griech. hormon = ich rege an) wurde von STARLING zusammen mit BAYLISS 1902—1905 zum ersten Mal für eine Substanz angewendet, die von der Darmschleimhaut abgegeben wird und die Sekretion von Verdauungsfermenten durch die Bauchspeicheldrüse anregt. Erst 1914 charakterisierte STARLING einen solchen Wirkstoff als Substanz, die an bestimmten Stellen (endokrinen Drüsen) des Körpers gebildet und über die Blutbahn zu anderen Organen transportiert wird. Eine alte Vorstellung von BERNARD (1855), daß chemische Botenstoffe vom Blut transportiert werden, deckte sich mit diesen Erkenntnissen. BERNARD, der dabei auch den Begriff „innere Sekretion" verwandte, dachte aber hierbei an die Glukose-Abgabe durch die Leber.

ASCHNER entdeckte 1912 am Hund, daß die Aktivität innersekretorisch tätiger Drüsen von übergeordneten Zentren reguliert wird. Eine Hypophysenentfernung verursacht Atrophie der Gonaden und kontrolliert so die Produktion von Sexualhormonen beim Hund. EVANS und LONG behandelten im Jahre 1922 Ratten mit Hypophysenextrakten und vergrößerten damit die Ovarien.

Nach der Entdeckung solcher Wirkstoffe wurde versucht zu ergründen, auf welche Weise man mit ihnen Krankheiten beeinflussen oder unter Umständen sogar völlig kurieren kann. Man erkannte, daß Insulin die Zuckerkrankheit und Thyroxin den Kretinismus günstig beeinflussen können. Ursprünglich beschrieb bereits ADDISON (1868) ein Krankheitsbild, das in Verbindung mit der Zerstörung der Nebenniere steht und somit, wie man später feststellte, auf endokrinologischer Dysfunktion beruht.

Bei wirbellosen Tieren wurde 1922 erstmals von KOPEC eine Hormonwirkung nachgewiesen, als er die Auslösung von Häutungsprozessen bei Schmetterlingsraupen (Lymantria) durch Hormonextrakt erreichte. KOLLER erkannte 1927 und PERKIN 1928 eine hormonale Regulation des Farbwechsels von Krebsen.

Bei Pflanzen wurde durch WENT (1928) nachgewiesen, daß Reaktionen im Gewebe auf Diffusion hormonähnlicher Stoffe zurückzuführen sind. Es handelt sich hierbei vor allem um Stimulatoren des Wachstums.

Eine einigermaßen umfassende Definition dessen, was unter diesen hormonähnlichen Aktivatoren der Lebewesen zu verstehen sei, gab HUXLEY (1935): Es sind chemische Substanzen, gebildet im Organismus, die eine besondere Funktion bei der Korrelation der Lebensprozesse oder der Differenzierung im Organismus haben. Diese Definition umfaßt auch die Pflanzenhormone, denn sie haben eine deutliche Wirkung auf Zellwachstum und Differenzierung.

II. Definition des Hormonbegriffes, humorale Wirkungen

Stoffe, die in verhältnismäßig kleinen Mengen Wirkungen größeren Ausmaßes hervorrufen, bezeichnet man als Wirkstoffe. Die klassischen Stoffgruppen, die hierzu gezählt werden, sind Vitamine, Fermente und Hormone. Für jede dieser Stoffklassen ist charakteristisch, daß sie chemisch nur unscharf beschrieben werden können. Ihre Definition beruht auf der Wirkung, die sie ausüben, und auf der physiologischen Bedeutung, die sie haben. Ihre Funktion ist durch molekulare Beziehungen geprägt. Man muß, um ihre Wirkung zu verstehen, die Vorstellung verwenden, daß einzelne Moleküle eine Reaktionskette anstoßen und zum Ablauf bringen können. Damit werden Effekte deutlich, die in keinem quantitativen stofflichen oder energetischen Verhältnis mehr zu der Auslösung stehen.

Eine Unterscheidung zwischen diesen Gruppen von Wirkstoffen soll die Zusammenstellung von a) Bildungsort, b) Transport zum Wirkungsort und c) Funktion in der Wirkungskette verdeutlichen:

Fermente: a) in der lebenden Zelle, oft nahe dem Reaktionsort.
b) bei intrazellularer Wirkung nur Verschiebung in der Zelle, stellt jedoch bei extrazellularer Funktion ein Sekretionsprodukt dar.
c) Beschleunigung biochemischer Reaktionen im Sinne eines Katalysators.

Vitamine: a) in der lebenden Zelle, jedoch in vielen Fällen nicht in dem Organismus, der sie benötigt. In solchen Fällen stellen sie einen essentiellen Nahrungsbestandteil dar.
b) bei Synthese in der Reaktionszelle nur Verschiebung innerhalb der Zelle, bei Aufnahme mit der Nahrung Transport wie Nährstoffe.
c) chemische Bestandteile der Fermente (Cofermente) oder wichtige Substrate und Reaktionsprodukte biochemischer Reaktionen in bestimmten Organen.

Hormone: a) in der Zelle einer endokrinen Drüse oder einem äquivalenten Gewebe des reagierenden Organismus selbst.
b) Transport durch Körperflüssigkeiten oder Diffusion im Gewebe über unterschiedlich lange Strecken.
c) Regulation und Korrelation verschiedenartiger Lebensprozesse durch Anstoß einer Reaktionskette (siehe Wirkungsmechanismus der Hormone, Kap. C.).

Diese Zusammenstellung beinhaltet die Definition dessen, was Fermente, Vitamine und Hormone sind. Es zeigt sich, daß mit fortschreitender Erforschung der Wirkstoffe kurze, klare Definitionen nicht mehr gegeben werden können. Besonders schwierig ist eine Klarlegung dessen, was Hormone sind. Ihr Aufgabenkreis ist sehr vielseitig, die Abgrenzung gegenüber der Wirkung anderer Stoffe sehr kompliziert.

Eine Systematik der humoralen Aktivatoren (latein. humor = Saft) wurde von HUXLEY (1935) aufgestellt und diese Einteilung dann von JENKIN (1962) vervollständigt. Danach sind zunächst zu unterscheiden:

a) Para-Aktivatoren: Produkte des Stoffwechsels, die Reizwirkung ausüben. Hier ist vor allem das Kohlendioxyd zu erwähnen, das bei der Atmung entsteht und das Atemzentrum im Gehirn auch ohne Beeinflussung durch den Willen anregt, die Atmung einzuleiten. Milchsäure und andere Stoffwechselprodukte können ebenfalls in dieser Form als Reizstoffe wirken. Vor allem üben Stoffe, die beim Gewebeabbau entstehen, Reizwirkung aus, z. B. werden Phagocyten durch Stoffe angelockt, die bei Entzündungsprozessen im Gewebe entstehen.

b) Echte Aktivatoren: Sie werden vom Organismus für bestimmte Effekte synthetisiert. Hierzu gehören zwei Gruppen:

1. Intrazellular wirkende Aktivatoren, die in der Zelle gebildet werden, in der sie auch wirken, ohne daß sie mit Fermenten verwechselt werden dürfen. Sie wurden oft als „Zellhormone" bezeichnet. Regulatoren, die bei einzelligen Organismen vorkommen, müssen hier erwähnt werden. Extrakte aus Suspensionen von Pantoffeltierchen (Paramaecium) haben pharmakologisch beim Frosch ähnliche Wirkungen wie Azetylcholin und Adrenalin. Es ist aber bisher wenig darüber bekannt geworden, ob diese Stoffe bei Einzellern regulatorische Funktion ausüben und auf dieses Ziel hin synthetisiert werden.

Zu diesen „Zellhormonen" gehören auch Wirkstoffe, die in Verbindung mit der physiologischen Aktivität der Gene (im Zellkern und zwar in den Chromosomen lokalisierte Erbträger) stehen. GOLDSCHMIDT hat diese Substanzen Hormone genannt. KÜHN sprach von Genwirkstoffen. Bei diesen Bindegliedern zwischen Gen und äußerem Merkmal handelt es sich meist — wie die moderne Erforschung der molekularen Grundlagen der Genwirkung gezeigt hat — um chemische Vorstufen der zu synthetisierenden Verbindung. Die Anwendung des Begriffes „Hormon" ist also in diesem Falle unzulässig.

2. Auf Entfernung wirkende Aktivatoren, die stets in einer anderen als der sie bildenden Zelle wirksam werden.

α) Eine Reihe dieser Aktivatoren breitet sich im Organismus durch Diffusion aus. Hierzu gehören Induktionssubstanzen, durch die ein Gewebe in einem anderen, das mit ihm in direktem Kontakt steht, die Morphogenese von Organen induziert. Diese Gruppe von Aktivatoren hat demnach nur einen kurzen Reaktionsweg.

Ähnliche Verhältnisse liegen bei den sogenannten „Wachstumshormonen" der Pflanzen vor. Ihr Diffusionsweg ist eng an die Struktur der Vegetationszone gebunden. Auf diese Substanzen wird später kurz eingegangen (Kap. B I.).

Sehr vielseitige Sekretionsvorgänge gibt es im Nervensystem der Tiere, besonders dann, wenn dieses zentralisiert vorliegt, d. h. ein Gehirn und Ganglienkomplexe gebildet sind. Hier gibt es Sekretionsprodukte, die in der Nähe des Entstehungsortes zur Wirkung kommen. Es gehören hierzu die Überträger-Substanzen, die an den Synapsen, den Übergangsstellen von einer Nervenzelle zur nächsten, entstehen und die Kontinuität der Nervenleitung ermöglichen. Azetylcholin, Adrenalin und andere Verbindungen sind hier zu nennen. Sie wurden von einigen Autoren (z. B. WELSH) fälschlich als „Neurohormone" bezeichnet. Die allgemeine Bezeichnung „Neurohumoralismus" ist jedoch für diese Form der Sekretion angebracht.

Im Zentralnervensystem der Wirbeltiere wurden Stoffe nachgewiesen, die die Sekretion einer innersekretorischen Drüse, der Hirnanhangsdrüse oder Hypophyse regulieren. Diese Auslösersubstanzen (gebräuchlich ist der englische

Ausdruck „releasing factors") diffundieren von Teilen des Gehirns zur benachbarten Hypophyse und verändern das Ausmaß der Sekretion bestimmter Hormone des Hypophysenvorderlappens. Möglicherweise besteht eine Ähnlichkeit, sowohl in der chemischen Struktur als auch in der Art der Entstehung, zwischen diesen Auslösersubstanzen und den echten Neurohormonen (Kap. B II b.).

Unter den „Diffusions-Aktivatoren" müssen ferner Stoffe aufgezählt werden, die vom Organismus an die Umgebung abgegeben werden: Lockstoffe, die auf andere Individuen attraktiv wirken; Schreckstoffe, die andere Tiere abschrekken; Gamone, die von den Keimzellen produziert, die Besamung ermöglichen. Es sind dies nur einige von vielen Beispielen, die hier genannt werden müssen. Ebenfalls erwähnt werden müssen die Pheromone, Stoffe, die bei anderen Individuen Gewebe- oder Gestaltsveränderungen hervorrufen. Sie gewährleisten in erster Linie das soziale Zusammenleben bei bestimmten Insekten. Die bekanntesten solcher Stoffe sind die Königinnen-Substanz der Honigbiene und eine vergleichbare bei Termiten. Die Substanzen werden von Kopfdrüsen der Bienenkönigin bzw. von funktionstüchtigen Weibchen der Termiten abgegeben und hemmen die Entwicklung der Geschlechtsorgane bei Arbeiterinnen oder Termitenweibchen. Für die Funktionsteilung im Insektenstaat ist diese Hemmwirkung natürlich von großer Wichtigkeit. Die chemische Struktur der Königinnen-Substanz ist bekannt. Es ist eine ungesättigte Fettsäure mit 10 C-Atomen (9-Oxo-2-decensäure). Auch die Lockstoffe und Schreckstoffe werden meistens als Pheromone bezeichnet, obwohl sie keine besonderen morphogenetischen Wirkungen haben.

β) Im Gegensatz zu den besprochenen „Diffusions-Aktivatoren" stehen die „Gefäßhormone". Sie werden in der Körperflüssigkeit transportiert und kommen deshalb nur bei solchen Tieren vor, bei denen diese im Körper zirkuliert. Die

Gefäßhormone sind in drei Gruppen aufzuteilen: Gewebehormone, Neurohormone und Drüsenhormone. Die Gewebehormone werden in einzelnen Zellen bestimmter Gewebeverbände und nicht in abgegrenzten Drüsen gebildet. Die Magenschleimhaut enthält den Stoff „Gastrin", die Darmschleimhaut das „Sekretin". Diese Stoffe werden in das Blut abgegeben und regen dann die Magenschleimhaut selbst bzw. die Bauchspeicheldrüse zur Produktion von Verdauungsfermenten an (siehe Kap. B II a.).

Neurohormone (oft wird der Begriff „Neurosekrete" synonym gebraucht) sind eine besondere Gruppe von Sekretionsprodukten aus Nervenzellen. Vor allem sind es Eiweißkörper mit höherem Molekulargewicht, die von Nervenzellen in bestimmten Gebieten des Zentralnervensystems synthetisiert werden. Die Ausläufer der Nervenzellen, die Neurite, transportieren das Sekret, das dann in besonderen Organen gespeichert und von hier aus auf einen Reiz hin in die Blutbahn abgegeben wird. Diese Organe (Neurohaemalorgane) sind daher von Blutgefäßen dicht umschlossen (vgl. Kap. B II b.).

Die allgemeine Bezeichnung „Drüsenhormone" nimmt darauf Bezug, daß besondere Drüsen der Bildungsort der Substanzen sind. Man nennt sie innersekretorische Drüsen, weil sie im Innern des Körpers liegen und keine Ausführungsgänge besitzen, wie sie für andere Drüsen charakteristisch sind. Zellen solcher innersekretorischer Drüsen sind in den Synthesevorgang der entsprechenden Hormone eingeschaltet, teils speichern sie auch die nötigen Ausgangsstoffe oder Endprodukte der Synthese, bevor diese in das Blut sezerniert werden. Der morphologisch-histologische Aufbau der Drüsen, die anatomische Lage im Organismus, der Funktionsablauf in den Zellen und die Veränderungen, die man an diesen Drüsen je nach Aktivität feststellen kann, sind wichtige Aussagen der Hormonforschung. Der Begriff „innere Sekretion" für die Bildung der Hormone hat dem Wissenschaftszweig die Bezeichnung „Endokrinologie" (endo = innere; krino = scheiden, absondern; logos = Lehre) gegeben. Endokrine Drüsen sind im höheren Organismus in Mehrzahl vorhanden. Jedem Hormon, oder besser jeder Hormongruppe, ist ein solches Organ zugeordnet (Kap. B II c.).

Diese ausführliche Beschreibung der Wirkstoffe soll dazu dienen, die Hormone zu definieren und die Stoffgruppe abzugrenzen. Zusammenfassend kann man folgende Definition der Hormone geben: Hormone sind Wirkstoffe, die in bestimmten Zellen gebildet, an die Körperflüssigkeit abgegeben und dadurch zum Wirkort transportiert werden, wo sie auf charakteristische Weise Organaktivitäten regulieren und Funktionen korrelieren. Es ist wichtig, daß diese Wirkstoffe auf dieses Ziel hin gebildet und ihre Sekretion entsprechend reguliert wird.

III. Einteilung der Hormone

Die chemische Struktur der Hormone ist wenig einheitlich. Die Vertreter gehören einer ganzen Reihe von Stoffklassen an, so daß eine Abgrenzung gegen andere organische Verbindungen nicht möglich ist. Auch die physikalisch-chemischen Eigenschaften wie Löslichkeit, Hitzebeständigkeit, Molekülgröße und damit Durchtrittsvermögen durch Membranen sind sehr unterschiedlich. Im wesentlichen können wir Peptid- oder Proteo-Hormone (Eiweißkörper), Steroidhormone (Verbindungen mit dem Sterin-Grundgerüst) und von einfachen Aminosäuren abgeleitete Verbindungen (Tyrosinabkömmlinge) unterscheiden. Die folgende Zusammenstellung führt die wichtigsten Verbindungen auf und erwähnt die Drüse und den Funktionskreis des jeweiligen Hormons (außerdem werden einige übliche Abkürzungen angegeben).

1. Proteohormone:

a) Hormone der Hypophyse
Somatotropes Hormon (STH) — Vorderlappen — Wachstumsanregung
Adrenocorticotropes Hormon (ACTH) — Vorderlappen — Stimulation der Nebennierenrinde
Thyreotropes H. (TSH) — Vorderlappen — Stimulation der Schilddrüse
Follikelstimulierendes H. (FSH) — Vorderlappen — Stimulation der Keimzellenreifung
Luteinisierungs-Hormon (LH) — Vorderlappen — Stimulation der Zwischenzellen der Gonaden
Prolactin (LT) — Vorderlappen — Stimulation der Brustdrüse und der Gelbkörper
Melanophorenstimulierendes H. (Intermedin, MSH) — Zwischenlappen — Expansion des Melanophorenpigmentes
Octopeptide wie Oxytocin, Vasopressin usw. — Hypothalamus, Hinterlappen — Uteruskontraktion, Diuresehemmung, usw.

b) Hormone anderer Drüsen
Insulin — Bauchspeicheldrüse — Regulation des Kohlenhydrathaushaltes
Glucagon — Bauchspeicheldrüse — Regulation des Kohlenhydrathaushaltes
Parathormon — Nebenschilddrüse — Regulation des Calzium-Stoffwechsels
Chorion- und Serumgonadotropin — Regulation der Gonadenfunktion und Sekretion der Keimdrüsenhormone

c) Neurohormone bei Invertebraten — Regulation verschiedenartiger Prozesse

2. Steroidhormone
Corticosteroide (Aldosteron, Cortisol, Corticosteron) — Nebennierenrinde (Interrenalorgan) — Mineralhaushalt, Kohlenhydratstoffwechsel
Testosteron — Zwischenzellen des Hodens — Regulation der Genitaltraktdrüsen und Ausbildung sekundärer Geschlechtsmerkmale
Oestradiol — Follikelzellen des Ovars — Regulation der Ovarialzyklen, Proliferation der Uterusschleimhaut und Ausbildung der sekundären Geschlechtsmerkmale

Progesteron — Corpus luteum — Sekretionsphase der Uterusschleimhaut
Ecdyson und ähnliche Verbindungen — Prothoraxdrüse der Insekten, Y-Organ der Crustaceen usw. — Häutungsablauf

3. Thyroxin und ähnliche Verbindungen — Schilddrüse — Regulation von Stoffwechsel und Entwicklungsanregung
Adrenalin, Noradrenalin — Nebennierenmark — Glykogenabbau, Blutverteilung u. a.
Melatonin — Epiphyse (Zirbeldrüse) — Konzentration des Melanophorenpigmentes

4. Juvenilhormon der Insekten — Corpora allata — Regulation der Entwicklung
(Dieses Hormon steht chemisch etwas außerhalb dieses Systems. Es ist ein Methylester einer Fettsäure mit 17 C-Atomen und 2 Doppelbindungen, Abb. 15)

Neben der chemischen Struktur kann auch die Funktion der Hormone als Einteilungsprinzip benutzt werden (Jenkin, 1962):

1. Kinetische Hormone, welche die Funktion oder Bewegung bestimmter Organe kontrollieren,
2. Stoffwechselhormone, welche die verschiedensten Stoffwechselprozesse verändern und
3. morphogenetische Hormone mit Einfluß auf Wachstum, Entwicklung etc.

Diese letzte Einteilung gibt zwar einen guten Überblick der Funktionskreise, in denen Hormone wirken, liefert aber kein System, nach dem sie zu unterscheiden sind, da fast alle Hormone in mehrere Funktionskreise eingreifen. Zu den kinetischen Hormonen zählen die drüsenanregenden (glandotropen) Hormone, und zwar sowohl diejenigen, die endokrine Drüsen beeinflussen (endokrinokinetische Hormone), als auch die Regulatoren exokriner Drüsen, z. B. Sekretin oder Gastrin. Die Auslösung von Pigmentwanderung in den Pigmentzellen (Chromatophoren, Melanophoren) und Auslösung von Muskelkontraktionen sind ebenfalls kinetische Effekte.

Stoffwechselhormone sind hiernach Thyroxin, Insulin, Glucagon, Corticosteroide und andere. Auch hierzu gehört wieder Adrenalin. Morphogenetische Wirkung haben STH, Thyroxin, Gonadenhormone, Neurohormone bei Wirbellosen. Eine genauere Untersuchung wird deutlich machen, daß bestimmte morphogenetische Effekte von fast allen Hormonen nachweisbar sind.

IV. Eigenschaften und allgemeine Wirkung der Hormone

Für die Wirksamkeit der Hormone und für die Erforschung der Hormonwirkung sind eine Reihe von Eigenschaften der Hormone von besonderer Bedeutung. Erwähnt wurden bereits einige physikalisch-chemische Eigenschaften. Für die Applikation der Hormone sind Verdaubarkeit und Löslichkeit von Bedeutung. Eiweiße können meist nicht durch den Mund zugeführt werden, da sie im Magen-Darm-Trakt abgebaut werden. Wasserunlösliche Steroide benötigen eine gewisse Zeit um, z. B. bei Injektion unter die Haut, im Körper verbreitet zu werden. Vor allem läßt sich in solchen Fällen nur schwer die wirksame Dosis feststellen, weil der größere Anteil des injizierten Stoffes wegen der Unlöslichkeit nicht wirksam werden kann.

Unter dem Wirkungsmechanismus eines Hormons verstehen wir die Primärveränderung in der Zelle des Zielorgans durch das Hormonmolekül. Die Folgeprozesse treten dann als biologische Wirkung in Erscheinung. Um den Eingriff, den das Hormonmolekül in der Zelle ausführt, zu verstehen, ist die Kenntnis des Ablaufs der Proteinsynthese notwendig. Ein aktivierender Stimulus verändert ein Gen in der Zelle. Dieses überträgt die Information, die es enthält, auf eine bestimmte Ribonukleinsäure (messenger-RNS, Boten-RNS). Diese wandert in das Cytoplasma und lagert sich an die Ribosomen. Die Ribosomen bestehen aus ribosomaler RNS. Eine weitere Form der RNS, die Transfer-RNS, bringt Aminosäuren herbei und lagert sie in der Weise zusammen, wie es der ursprünglichen Geninformation entspricht. Dabei werden Aminosäureketten, Polypeptide, gebildet, die Funktionen verschiedener Art (Fermente, Strukturproteine, Differenzierungsproteine) ausüben können (Abb. 39). Es ist später zu diskutieren, ob und an welcher Stelle dieses Schemas das Hormon eingreift:

Aktivierung ⟶ Gen

↓ — Übertragung der Information

Boten-RNS

↓ — Wanderung in das Cytoplasma

Stimulation der Eiweißsynthese

↙ ↓ ↘

höhere Fermentaktivität	vermehrte Bildung von Strukturproteinen (Wachstum, Proliferation)	Bildung neuer Proteine (Veränderung der Zell-differenzierung)

Zur Reaktion eines Hormons mit einem Zielorgan gehört auch die Reaktionsfähigkeit des Zielorganes. Die Hormone sind in den meisten Fällen nicht artspezifisch, d. h. sie sind bei Tieren oder Tiergruppen unterschiedlicher systematischer Stellung weitgehend ähnlich (manche Eiweißhormone stellen wahrscheinlich eine Ausnahme dar). Dagegen gibt es in der

Reaktionsfähigkeit des Erfolgsorganes beachtliche Unterschiede. Z. B. reagieren Gefieder und Schnabel bei verschiedenen Vogelarten sehr unterschiedlich auf die bei allen Gruppen gleichartig vorhandenen Gonadenhormone (Abb.1).

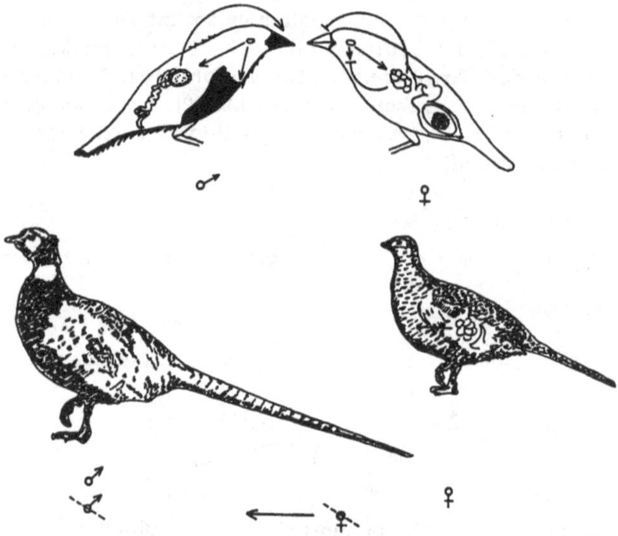

Abb. 1. Einfluß von Gonaden- und Hypophysenhormonen auf Schnabel- und Gefiederfärbung bei Weberfinken (oben) und Fasanen (unten) (n. WITSCHI, ZAVADOVSKII u. a.)

Bei einigen Gruppen, etwa beim Haussperling ist der Unterschied im Gefieder zwischen ♂ und ♀ genetisch bedingt und hormonell nicht auszugleichen. Beim Fasan verändert sich zwar das männliche Federkleid nach Kastration, also Ausfall der Geschlechtshormone, auch nicht. Dagegen bildet sich das weibliche Gefieder nach Entfernung der Ovarien um und wird allmählich dem des Männchens ähnlicher. Das Gefieder des ♂ stellt also die Grundform dar. Beim Weberfinken wird die Schnabelfärbung des Männchens durch Androgene, die des ♀ durch Oestrogene bedingt.

Unterschiedliche Reaktionsbereitschaft von Geweben beweist auch die Reaktion des Schwanzes von Amphibienlarven auf Thyroxin. Die Amphibien durchlaufen bekanntlich während ihrer Entwicklung eine Metamorphose von der wasserlebenden Larve zum erwachsenen Tier, das auf dem Lande lebt. Diese Metamorphose ist mit einer Reihe von Umbildungen verbunden, die alle durch das Schilddrüsenhormon ausgelöst werden. Der Schwanz der Froschlarve, der Kaulquappe, wird unter dem Einfluß von Thyroxin zurückgebildet. Dies geschieht aber erst dann, wenn ein gewisses Entwicklungsstadium erreicht ist und vollzieht sich nur bei Anuren (Frösche, Kröten u. a.). Das Schwanzgewebe früherer Entwicklungsstadien und dasjenige von Schwanzlurchen (Urodelen: Molche, Salamander) spricht auf Schilddrüsenhormon nicht mit Rückbildung an. Die Schwänze der Urodelen werden nur charakteristisch verändert. Dies zeigt deutlich, daß die Reaktionsbereitschaft nicht bei allen Tieren besteht und daß sie erst in der Entwicklung erworben werden muß. Am Gewebe selbst konnte man bisher mit histologischen oder sonstigen Methoden die Reaktionsbereitschaft noch nicht erkennen.

Verschiedenartige Einflüsse können Hormone wirkungslos machen. Wie bei allen Wirkstoffen spielen auch bei Hormonen bestimmte funktionelle chemische Gruppierungen am Molekül eine wichtige Rolle — wenn wir auch bisher hierüber nur sehr wenig wissen. Diese chemischen Gruppen können blockiert werden. Andere „Antihormone" sind Verbindungen, die die Synthese der Hormone unterbinden. Sie werden meist von außen zugeführt, entweder bewußt pharmakologisch, um die Hormonproduktion zu stoppen, oder auch zufällig mit der Nahrung wie z. B. verschiedene kropferzeugende Verbindungen, die die Schilddrüsenfunktion unterbinden.

Eine wesentliche Eigenschaft besonders der Eiweißhormone ist die Tatsache, daß nach Injektion Immunreaktionen eintreten können. Ein Organismus reagiert meistens auf artfremdes Eiweiß durch Produktion von Abwehreiweißen (Antikörper), die das Antigen (das artfremde Protein) absättigen und wirkungslos machen. Der Körper wird gegen das artfremde Eiweiß immun. Dieser Vorgang spielt naturgemäß nur bei der Vernichtung artfremder Hormone eine gewisse Rolle, denn eine Immunisierung gegen eigene Hormone würde die Wirkung der Hormondrüse auf die Dauer aufheben. Auf die Bedeutung dieser Reaktionen für die experimentelle Forschung wird später eingegangen.

V. Korrelation und Regulation, Hormone und Nervensystem

Die Bedeutung der Hormone für den Organismus liegt in der Regulation von Organaktivitäten und Stoffwechsel. Eine Abstimmung der Funktionen ermöglicht eine Korrelation im Organismus, wie sie ähnlich das Nervensystem zustandebringt. Hormon- und Nervensystem stehen daher in enger funktioneller Beziehung zueinander. So vermag das Nervensystem Hormondrüsen zur Ausschüttung zu bringen und umgekehrt kann ein bestimmter Hormonspiegel im Blut das Nervensystem zur Abgabe von Reizen veranlassen. Ein bestimmter physiologischer Prozeß kann hormonal und nervös reguliert werden. Meistens bewirkt nervöse Versorgung eine schnelle und kurzfristige Veränderung, die ein sofortiges Einstellen auf eine neue Situation ermöglicht. Muß dagegen ein solcher Anpassungsprozeß für längere Zeit eingestellt bleiben, so kommt die hormonale Korrelation hinzu.

Manche Hormondrüsen entstehen ontogenetisch aus Nervengewebe. Dies gilt nicht nur für das neurosekretorische System sondern auch für das Nebennierenmark. Andere Hormondrüsen, wie der Hypophysenvorderlappen der Wirbeltiere oder die Corpora allata der Insekten, sind anatomisch dem Nervensystem eng angegliedert und erreichen ihre Funktionstüchtigkeit nur, wenn der Kontakt nicht gestört ist.

Jede endokrine Drüse ist Teil eines Regelkreises; ihre Aktivität muß gesteuert werden. Neben der Regulation durch das Nervensystem, das Außenreize weiterleitet, beeinflussen sich die endokrinen Drüsen auch untereinander. Die Hypophyse etwa stimuliert die Schilddrüse, Nebennierenrinde u. a. durch glandotrope Hormone. Außenreize, wie Licht und Temperatur, modifizieren die Hormonproduktion der Hypophyse und ermöglichen damit eine Anpassung des Organismus an die Umweltbedingungen. Auch eine Reihe interner Reizwirkungen, wie Stoffwechselprodukte, Ionenkonzentrationen, Hormonspiegel, Angebot an Ausgangssubstanzen, verändern die Sekretion der Hormone (Abb. 2). Wichtig ist, wie in jedem solchen Regelsystem, die Rückkoppelung (feed-back) vom Erfolgsorgan zum Anreger. Jedes übergeordnete Zentrum muß von dem untergeordneten System, dessen Aktivität es verändert, unterrichtet werden, wie hoch das Aktivitätsniveau ist. Es kann dann seine Produktionsrate oder Reizabgabe entsprechend abstimmen. Oft gibt es weitere Organe (II. Ordnung), die zwar vom Hormon beeinflußt werden, aber im Funktionskreis wenig Bedeutung haben (z. B. Veränderungen der Haut durch fast alle Hormone).

Die Regulation von Vorgängen durch Hormone kann nur funktionieren, wenn der Wirkstoff selbst anschließend wieder zerstört wird. Oft geschieht dies nicht im Zielorgan sondern in der Leber oder anderen Abbausystemen. Moderne Techniken erlauben festzustellen, wo injizierte Hormone in größeren Mengen im Organismus auftreten. Es ist dies immer bevorzugt im Zielorgan und im Abbauorgan (im letzteren sind es oft Spaltprodukte) der Fall.

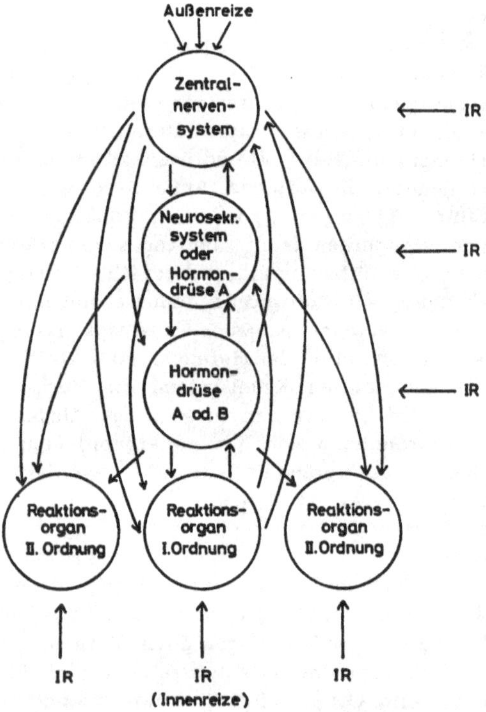

Abb. 2. Hierarchie von Zentralnervensystem, Hormondrüsen und Erfolgsorganen; Regelung zwischen diesen Systemen

VI. Ontogenetische Entwicklung der Hormondrüsen

Endokrine Organe können aus jedem der 3 Keimblätter (Ekto-, Ento- und Mesoderm) gebildet werden.

Bei Wirbellosen und Wirbeltieren stammen Nervensystem und damit alle neurosekretorischen Zellgruppen vom Ektoderm ab. Bei wirbellosen Tieren sind eine Reihe weiterer Drüsen zu erwähnen, die sich aus ektodermalem Epithel bilden, z. B. die Corpora allata und die Ventral- bzw. Prothorakaldrüsen der Insekten. Bei Wirbeltieren sind Hypophyse und Nebennierenmark (Adrenalorgan) wichtige ektodermale endokrine Drüsen. Der Vorder- und der Zwischenlappen der Hypophyse gliedern sich vom Mundepithel ab, Hinterlappen und adrenales Gewebe entstehen aus Nervengewebe.

Das Entoderm liefert anscheinend nur bei Wirbeltieren hormonproduzierende Drüsen. Hier sind einerseits die gut entwickelten Drüsen des Pharynx, Schilddrüse, Nebenschilddrüse (Epithelkörperchen), Thymus und der endokrine Anteil der Bauchspeicheldrüse (Pankreas), das Inselsystem, zu erwähnen. Andererseits gehören hierzu auch vereinzelte Zellen in der Magen- und Darmschleimhaut, die Gewebehormone abgeben.

Mesodermalen Ursprungs sind bei wirbellosen Tieren Drüsenzellen an den Gonaden. Bei Wirbeltieren entsteht außer den Gonaden auch die Nebennierenrinde, das Interrenalsystem, aus mesodermalem Coelomepithel.

Auffallend ist, daß die endokrinen Drüsen des Mesoderms bei Wirbeltieren Steroide produzieren, während ekto- und entodermale Drüsen Eiweißkörper oder Aminosäurenderivate synthetisieren.

VII. Methoden der Hormonforschung

Die experimentellen Möglichkeiten für die Untersuchung der Hormonwirkungen sind sehr vielseitig. Gewebeveränderungen in der Drüse und auch im Erfolgsorgan lassen sich durch klassische histologische Methoden (Kernmessungen, Zellgrößenbestimmung, Begutachten der Zellanordnung) und durch histochemische Verfahren, die die chemische Zusammensetzung ergründen, beschreiben. Durch Anwendung des weiten Spektrums moderner Verfahren der Zellforschung, wie Elektronenmikroskopie, Mikroautoradiographie u. a., läßt sich die Reaktionsweise der Drüse abschätzen (Histophysiologie des Organs). Solche Untersuchungen werden vergleichsweise an verschiedenen Reizzuständen des Organs durchgeführt. Drüsen nach Stimulation durch glandotrope Hormone vergleicht man mit solchen, deren Aktivität gehemmt ist, z. B. nach Hypophysektomie (vgl. Abb. 23).

Die physiologischen Reaktionen, die bestimmte Hormone auslösen, werden nach Injektion derselben untersucht. Man kann bei solchen Versuchen nie exakte physiologische Verhältnisse erzeugen. Meist ist die Dosis zu hoch, der Spiegel steigt kurzfristig stark an, was nicht dem natürlichen Abgabemechanismus einer endokrinen Drüse entspricht. Wenn das Hormon noch nicht isoliert ist, werden dem Versuchstier Drüsen implantiert, die noch eine kurze Zeit Hormon sezernieren. Dabei sind Nerven- und Blutversorgung (Gehirnkontakt bei der Hypophyse) ausgeschaltet, so daß ihr Einfluß festgestellt werden kann. Auch Injektionen von Drüsenextrakten, am besten nach Anreicherung einer Fraktion, haben zu wesentlichen Erkenntnissen über die Funktion der Hormone geführt. Wie bereits erwähnt (s. S. 20), kann die Verfütterung von Hormonen (in letzter Zeit von erhöhter Bedeutung durch die oralen Empfängnisverhütungsmittel) oder die Aufzucht von Wassertieren in hormonhaltigen Lösungen Schwierigkeiten mit sich bringen, weil eventuell eine Zerstörung der Hormone einsetzt oder eine zu geringe Permeabilität einen Zugang zu der reagierenden Zelle verhindert.

VIII. Ziel der Hormonforschung

Das Interesse, das der Hormonforschung entgegengebracht wird, ist natürlich auf die medizinische Bedeutung der Hormone zurückzuführen. Viele Erkrankungen beruhen auf Ausfall oder Überfunktion endokriner Drüsen. Zur Therapie ist daher eine Behandlung mit Hormonen oder pharmakologische Hemmung der Drüse angebracht. Da ein Experimentieren mit dem Menschen unmöglich ist, erweist es sich als günstig, daß manche Hormoneffekte, die an Tieren gefunden wurden, auch beim Menschen auftreten können. Besonders ähnlich sind die Reaktionen dann, wenn Laboratoriums-Säuger als Versuchstiere verwendet werden.

Die Untersuchung von Hormonreaktionen bei Tieren allgemein, d. h. also auch bei solchen, die nicht zu den Säugern zu rechnen sind, ist ein Anliegen der vergleichenden physiologisch-zoologischen Forschung. Was ist und bedeutet vergleichende Endokrinologie? Diese Wissenschaft vergleicht endokrine oder neuroendokrine Mechanismen zwischen unterschiedlichen Tiergruppen, die im Stammbaum der Tiere mehr oder weniger weit entfernt stehen, also nicht direkt voneinander abstammen. Außerdem werden unterschiedliche Reaktionen bei Individuen einer Gruppe festgestellt, wenn sie verschiedenartigen Umweltbedingungen unterworfen sind oder sich in verschiedenen Entwicklungsstadien befinden. Mit solchen Untersuchungen kann man geeignete Tiere auswählen, an denen allgemeine Probleme geklärt werden können.

Weiterhin ist es von Interesse — auch für Rückschlüsse auf besondere Reaktionsweisen beim Menschen — die phylogenetische Entwicklung eines Hormon-Reaktionssystems zu untersuchen. Dies bedeutet festzustellen, von welcher Tiergruppe ab eine Reaktion — oft deutlich modifiziert gegenüber höheren Formen — auftritt. Im Laufe der phylogenetischen Entwicklung können die anatomischen, histologischen und physiologischen Reaktionen der Drüse selbst Veränderungen durchlaufen. Die chemische Struktur des Hormons kann sich vielleicht in geringem Ausmaß verändern. Vor allem aber entwickelt das reagierende System, das Reaktionsorgan I. Ordnung, erst seine Reaktionsfähigkeit.

Höchstes Ziel der Hormonforschung ist es, die Wirksamkeit eines Stoffes mit all seinen Nebenwirkungen aufzuklären, die chemische Struktur eines Hormonmoleküls zu erkennen und schließlich dieses synthetisch herzustellen. Um dies zu erreichen ist es notwendig, das Hormon aus Organextrakten immer weiter zu reinigen, um es schließlich rein und kristallisiert zu erhalten. Dies ist oft nur dadurch möglich, daß man einfache Untersuchungsverfahren, sogenannte Teste, möglichst in vitro, d. h. außerhalb des Organismus, im Reagenzglas anwendet, um die Hormonmenge zu eichen. Die Reaktion muß meßbar sein, damit man die quantitativen Beziehungen an Hand einer Dosis-Effekt-Kurve klären kann. Man spricht von Einheiten, solange man das Gewicht in Gramm wegen Verunreinigungen, Wassergehalt usw. nicht angeben kann. Vielen Hormoneinheiten liegen internationale Einheiten (I. E.) zugrunde, die auf international angewandten Testverfahren beruhen. Eine Eichung ist meistens die einzige Möglichkeit die Mengen zu bestimmen, solange die Substanz nicht chemisch synthetisierbar ist. Die Suche nach geeigneten, einfach anwendbaren Tests ist daher eine wichtige Aufgabe der Hormonphysiologie.

Von besonderer Bedeutung für den Menschen sind natürlich die Untersuchungen, die die therapeutisch-medizinischen Wirkungen der Hormone herausstellen. Dieses Büchlein bringt Hinweise in dieser Richtung. Es möchte aber vor allen Dingen die vergleichend biologische Seite der Hormonforschung darlegen, weil damit allgemeine Gesetzmäßigkeiten eingehender geklärt werden können. Diese werden einerseits aus der phylogenetischen Entwicklung von Hormon und Reaktionssystem deutlich, und zeigen sich andererseits im zellularen Wirkungsmechanismus der Hormone und schließlich an ihrer Bedeutung im Lebensprozeß der Tiere.

B. Die Hormone der Pflanzen, der Tiere und des Menschen

I. Wirkstoffe bei höheren Pflanzen

Zunächst stellt sich die Frage, ob pflanzliche Wirkstoffe die Bedingungen erfüllen, welche die Definition echter Hormone fordert. Es sind Wirkstoffe, die von bestimmten Teilen der Pflanze gebildet werden und an anderer Stelle Funktionen ausüben. Die wesentlichste Aufgabe dieser Stoffe dürfte die Steuerung von Entwicklung und Wachstum sein. Die Wirkung konzentriert sich jedoch keineswegs so spezifisch auf ein Organsystem wie es bei Tieren der Fall ist. Es werden eine Reihe Phänomene beeinflußt, die äußerlich wenig miteinander zu tun haben und auch in verschiedenen Teilen des Organismus ablaufen. Der Wirkstoff breitet sich hauptsächlich durch Diffusion in der Pflanze aus. Zusätzlich können aktive Sekretionsprozesse und Transport in den Siebröhren beteiligt sein. Über die Art des Transportes ist allgemein wenig bekannt.

Diese Wirkstoffe sind also auf Distanz wirkende Aktivatoren, unterscheiden sich aber durch ihre Ausbreitung in der Pflanze von Gefäßhormonen bei Tieren. Sie sind im gesamten Organismus verteilt. Ihre Konzentration nimmt in der Regel mit der Entfernung vom Bildungszentrum ab.

Es gibt drei bekannte Gruppen solcher Wirkstoffe: die Auxine, Gibbereline und Cytokinine. Von einigen Vertretern dieser drei Gruppen ist die chemische Struktur bekannt (Abb. 3). Es ist zu vermuten, daß noch weitere Stoffgruppen mit Wirkstoffcharakter existieren. So sind z. B. für das Blühen der Pflanzen besondere Wirkstoffe wichtig, die bisher noch nicht isoliert werden konnten. Sie werden „Blühhormone" (Florigene) genannt. Manche Pflanzen kommen nur dann zum Blühen, wenn sie längeren Lichtperioden ausgesetzt sind. Durch hohen Lichtgenuß wird bei ihnen ein Wirkstoff in den Blättern gebildet, der den Stiel abwärts wandert und auf die Blütenknospen einwirkt. Andere Pflanzen blühen nur dann, wenn kurze Tageslängen einwirken. Auch dieses Verhalten kann durch Wirkstoffwanderung erklärt werden. Auxine beeinflussen den Blühvorgang nicht, Gibbereline sind jedoch daran beteiligt.

Tabelle 1

	Bildungsort	Förderung
Auxine	Vegetationsspitze, junge Blätter, junge Früchte (polarer Transport)	vorwiegend Streckungswachstum (Stammwachstum, Wurzelbildung)
Gibbereline	Vegetationsspitze, junge Blätter, junge Früchte, Wurzeln (ungerichteter Transport)	vorwiegend Streckungswachstum
Cyto-Kinine	Wurzeln und junge Früchte	vorwiegend Teilungswachstum, Kontrolle der Alterungsprozesse
Blühhormone	Blätter, Transport?	Blütenbildung

Aus der Zusammenstellung in Tab. 1 erkennt man, daß das Wachstum der Pflanzenteile durch die verschiedenen Wirkstoffgruppen sehr gut korreliert werden kann. Dies gilt besonders deshalb, weil neben lokaler Förderung auch Hemmwirkungen vorkommen, wichtige Voraussetzungen für das Entstehen der Polarität der Pflanze.

a) Auxine

Auxine bewirken hauptsächlich eine Stimulation des Längenwachstums (Streckungswachstum) bei Pflanzen. Klassische Untersuchungen wurden an Hafer (Avena) und Mais durchgeführt (Boysen-Jensen, Went, Kögl u. a.). Die Spitze des keimenden Haferkorns, die Koleoptile, aktiviert Auxine, die wahrscheinlich vorher in inaktiver Form spitzenwärts gewandert sind. Nach der Aktivierung breiten sie sich von der Spitze basipetal im Sproß aus. Der Nachweis einer stofflichen Wirkung ist durch folgenden Versuch möglich: Schneidet man die Spitze eines Haferkeimlings ab, so streckt sich der Keimling nicht mehr. Setzt man die Koleoptile wieder auf, so geht das Wachstum weiter. Agarplättchen, in die Wirkstoff eindiffundierte, können die Spitze ersetzen. Werden Spitze oder Agarplättchen mit Wirkstoff nur auf eine Seite aufgesetzt, so streckt sich die berührte Seite stärker, es kommt zur Krümmung (Krümmungswachstum). Bei seitlichem Einfall des Lichtes neigen sich Pflanzen oft dem Licht zu, sie sind positiv phototrop (Phototropismus). Dies kann damit erklärt werden, daß Licht den Wuchsstoff zerstört. Auf der abgewandten Seite ist dann mehr Wuchsstoff vorhanden. Außerdem diffundiert der Wuchsstoff verstärkt seitlich zur lichtabgewandten Seite. Negativer Geotropismus beruht ebenfalls auf unterschiedlicher Wuchsstoffverteilung (Abb. 3).

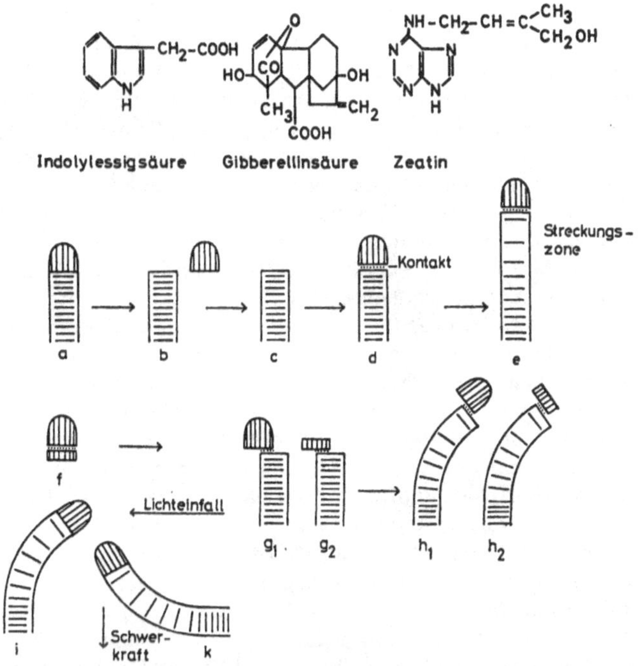

Abb. 3. Wuchsstoffe und Einfluß derselben auf das Wachstum des Haferkeimlings (n. Kögl, Wendt, Giersberg u. a. umgezeichnet)
a Auxine werden in der Spitze gebildet
b u. c nach Entfernung der Spitze wächst der Sproß nicht mehr
d u. e Streckung der Streckungszone nach erneutem Aufsetzen der Spitze
f Diffusion des Stoffes in ein Agarblöckchen
g u. h seitliches Aufsetzen bewirkt Krümmung
i positiver Phototropismus
h negativer Geotropismus

Durch die polare Verteilung des Auxins entstehen die Muster von Wachstum und Differenzierung. Die Menge an Auxin, die aus einem bestimmten Sproßteil in ein Agarblöckchen diffundiert, nimmt mit der Entfernung von der

Sproßspitze ab. Entsprechend verringert sich auch das Streckungswachstum. Die polare Diffusion ist am besten an der Spitze des Keimlings gewährleistet. Die Versuche, bei denen die Auxin-getränkten Agarplättchen nur auf einen Teil der Schnittfläche am Keimling aufgesetzt werden, beweisen, daß senkrecht zur Längsachse des Keimes höchstens eine sehr geringe Diffusion besteht. Allerdings ist die Diffusion bei größerem Abstand von der Spitze, besonders in der Wurzel, nicht mehr so streng polar ausgerichtet wie an der Spitze. Untersuchungen über die Geschwindigkeit des Auxin-Transportes haben auch wahrscheinlich gemacht, daß nicht nur einfache Diffusion sondern ebenfalls Sekretionsprozesse an der Verteilung des Auxins im Körper der Pflanze maßgebend beteiligt sind. Das bedeutet, daß auch ein Transport gegen ein Konzentrationsgefälle unter Mitwirkung energieliefernder Stoffwechselprozesse möglich ist. Ausschaltung des Stoffwechsels, wie es durch Einwirkung einiger Stoffwechselgifte zu erzielen ist, unterbindet daher auch die Verbreitung des Auxins.

Doch entscheidend für die Wirkung des Auxins ist nicht nur die polare Verteilung sondern auch die absolute Konzentration. Je höher die Auxin-Konzentration ist, umso stärker wird das Wachstum beschleunigt bis zu einer maximal wirkenden Konzentration. Bei noch höherer Konzentration verlangsamt sich das Wachstum und wird bald gehemmt, wenn die Auxinmenge weiter vermehrt wird. Im Vergleich zum Sproß erfahren Knospen und Wurzeln bereits bei wesentlich geringeren Konzentrationen maximale Wachstumsförderung. Die maximale Stimulation ist dabei wesentlich geringer als beim Sproß. Eine Auxin-Konzentration, die das Sproßwachstum stark fördert, hemmt Knospen und Wurzeln bereits sehr. Das Maximum des Wurzelwachstums liegt bei noch niedrigeren Konzentrationen als das des Knospenwachstums (Tab. 2).

Tabelle 2
Wirkung der Auxine in Abhängigkeit von der Konzentration
(n. THIMANN)

	geringste fördernde Auxinkonzentration	maximal fördernde Auxinkonzentration	hemmende Auxinkonzentration
Wurzeln	10^{-11}	10^{-10}	10^{-9}
Knospen	10^{-10}	10^{-8}	10^{-6}
Sproß	10^{-8}	10^{-5} bis 10^{-4}	10^{-2}

Die toxische Wirkung hoher Auxindosen ist recht charakteristisch. Sie wird in der Praxis zur Bekämpfung gewisser Unkräuter eingesetzt. Unkräuter müssen dazu auf Auxin empfindlicher reagieren als die Kulturpflanzen, die überleben sollen.

Beim Durchtritt der Auxine durch bestimmte Pflanzengewebe nehmen die Wuchsstoffe auch Einfluß auf die Differenzierung. Es ist nachgewiesen worden, daß das Xylem und das Wurzelgewebe sich nach Kontakt mit Auxin beschleunigt ausdifferenzieren. Auf diesem Effekt beruht die Ausbildung von Wurzeln an Stellen, an denen beim Durchtrennen von Stammabschnitten Auxin angereichert wird.

Der molekulare Wirkungsmechanismus der Auxine in der Zelle ist nicht genau bekannt. Es gibt berechtigte Gründe anzunehmen, daß den vielfältigen Wirkungen an unterschiedlichen Pflanzenteilen ein einziger Mechanismus zugrunde liegt. Durch die Transportvorgänge ist eine Modifikation der Konzentration und damit — wie wir gesehen haben — eine Veränderung der Effekte leicht möglich. Außerdem kann die Reaktionsbereitschaft der Pflanzenzelle in Abhängigkeit von der Differenzierung oder sonstiger Funktionszustände wechseln.

Die Regulation der Lebensprozesse durch Auxin ist mit einer solchen durch weitere pflanzliche Wirkstoffe verknüpft. So wird die Zellvergrößerung von Gibberelinen und Kininen beeinflußt. Diese Stoffe bereiten entweder die Zelle für den Angriff von Auxin vor oder wirken mit Auxin zusammen. Die durch Auxine verursachte Zellvergrößerung bedeutet vermehrte Wassereinlagerung und erhöhte Eiweißproduktion. Dazu muß die Zellwand entsprechend plastisch gemacht werden. Das Wachstum eines Sprosses verläuft parallel zur mechanisch meßbaren Plastizität. Ca-Ionen versteifen die Zellwand. Verbindungen, sogenannte Chelatbildner, die Ca-Ionen binden, vergrößern die Plastizität der Zellmembran. Ein Wirkungsprinzip der Auxine konnte im Abfangen der Ca-Ionen oder in Reaktionen, die ähnliche Resultate zeitigen, gesehen werden (Theorie von BENNET-CLARK).

Diese Wirkungen auf die Zellmembran können natürlich nicht die gesamte Reaktion erklären. Neusynthese von Zellwand-Material, osmotische Wasseraufnahme auf Grund des veränderten osmotischen Druckes sind weitere Folgen der Auxineinwirkungen. Die Permeabilität der Membran für Wasser kann kein begrenzender Faktor sein, da sie extrem hoch ist.

Neuere Arbeiten haben es sehr wahrscheinlich gemacht, daß Auxine über die Erbsubstanz der Zelle, das Genom, wirken. Einen solchen Einfluß kann man nach Anwendung von Hemmstoffen der Nukleinsäure- oder Proteinsynthese, z. B. des Aktinomyzin D, nachweisen. Dieser Hemmstoff unterbindet in vielen Fällen die Wirkung des Auxins. Wir werden diesen Mechanismus, der auch bei tierischen Hormonen eine große Rolle spielt, später noch eingehend diskutieren. Wahrscheinlich stimuliert das Auxinmolekül die Synthese oder Abgabe von Ribonukleinsäure des Kernes und damit wiederum die Bildung von Proteinen, die am

Streckungswachstum beteiligt sind. Vieles deutet darauf hin, daß Auxine (ähnlich wie manche tierischen Hormone) eine Genaktivierung bewirken, deren exakter Mechanismus noch nicht bekannt ist.

Die Hemmwirkung, die Auxine auf das Wachstum ausüben, ist zur Zeit noch nicht erklärbar.

Der Auxingehalt im Pflanzengewebe kann mit folgenden Methoden getestet werden: Die Streckung des Keimlings unter dem Einfluß von Auxin wird gemessen. Auch Keimlingsstücke, die in Auxinlösung inkubiert werden, wachsen meßbar stärker. Das Längenwachstum hängt logarithmisch von der Auxinkonzentration ab. Die Messung der Krümmung bei seitlichem Aufbringen der Testsubstanz ermöglicht ebenfalls eine quantitative Bestimmung. Dieser Test ist nur bei polarer Einwirkung von Auxin anwendbar, kann also nur an der Pflanze selbst erfolgen. Als „Avena-Einheit" wurde die Menge definiert, die innerhalb von 2 Stunden einen Krümmungswinkel von 10° bewirkt. Hierbei lassen sich nur Konzentrationen messen, die geringer als die maximal wirkende sind.

Diese Teste bilden die Voraussetzung für eine Identifizierung, Isolierung und Strukturaufklärung der Auxine. Nach einigen irrtümlichen Annahmen wurde inzwischen klargestellt, daß Indolylessigsäure (Abb. 3) das native Auxin darstellt. Auch einige Derivate der Indolylessigsäure sind wirksam und konnten isoliert werden. Indolylbrenztraubensäure und Indolylacetaldehyd sind nachgewiesen. Diese sind aber wahrscheinlich erst nach Umwandlung in Acetat funktionstüchtig.

Interessant ist, daß im Tierreich eine ähnliche chemische Verbindung wie Indolylessigsäure vorkommt. Es ist das Serotonin (5-Hydroxytryptamin), ebenfalls ein Indolderivat. Serotonin ist ein Gewebewirkstoff mit verschiedenartigen pharmakologischen Eigenschaften. Es greift in den Zellstoffwechsel ein, wirkt auf die Muskelkontraktionen und andere Zellfunktionen. Indolylessigsäure und Serotonin sind häufig vorkommende Zwischenprodukte des Zellstoffwechsels. Die Funktion eines weit verbreiteten Metaboliten hat also eine Evolution erfahren. Diese Verbindung wird im Tierreich zum regulierenden und korrelierenden Wirkstoff, den man mit Einschränkungen als Hormon bezeichnen kann.

b) Gibbereline

Die Entdeckung der Gibbereline im letzten Jahrhundert beruht auf interessanten Beobachtungen. Japanische Reisbauern fanden besonders lange Reiskeimlinge, die niemals zur Reife kamen. Solche Reispflanzen waren von einem Pilz befallen (Gibberella fujikuroi), der einen Wuchsstoff produziert (Gibberellin). Dieser läßt Pflanzenstengel stark in die Länge wachsen.

Verschiedene zweijährige Pflanzen vegetieren im ersten Jahr als Blattrosette. Sie bedürfen der Winterkälte, um im nächsten Jahr zum Blühen zu kommen. Gibberelin-Behandlung kann diesen Kälteeinfluß ersetzen. Behandelt man die Pflanzen im ersten Jahr mit Gibberelinen, so schießt der Blütensproß ohne Überwinterung aus der Blattrosette hervor. In diesem Falle induzieren Gibbereline die Blütenbildung. Es ist noch nicht geklärt, wie die Koordination der verschiedenen Wirkstoffe beim natürlichen Blühvorgang erfolgt (Zusammenspiel mit Florigenen).

Die Auslösung des Streckungswachstums erfolgt in Zusammenarbeit mit Auxinen. Möglicherweise wird dieser Effekt überhaupt nur in Anwesenheit von Auxinen erzielt. Man hat festgestellt, daß Gibbereline die Auxinoxydase hemmen, ein Ferment, das Auxin abbaut.

Interessante Hinweise auf den Wirkungsmechanismus der Gibbereline ergab die Untersuchung einer Fermentinduktion. Die Aktivität von α-Amylase wird durch diesen Wirkstoff erhöht. Der Effekt ist durch Aktinomyzin D, den Blokker der RNS- und damit Eiweißsynthese, hemmbar. Die Enzyminduktion beruht also auf der Aktivierung bestimmter Genfunktionen, die zur Synthese des Fermenteiweißes führen.

Der Transport der Gibbereline in der Pflanze unterscheidet sich insofern von dem der Auxine, daß er nicht streng polar ausgerichtet ist.

Die Messung der Krümmung eines Pflanzensprosses kann ebenfalls als Test für Gibbereline dienen. Allerdings zeigen Gibbereline eine geringere Wirkung auf das Wachstum von Gewebekulturen als Auxine. Dies beruht möglicherweise darauf, daß die Gewebezellen selbst genügend Gibbereline enthalten.

Die chemische Natur der Gibbereline ist recht kompliziert (Abb. 3). Sie können als Terpenoide aufgefaßt werden. Es ist noch nicht abzusehen, wieviele Gibbereline natürlich vorkommen.

c) Cyto-Kinine

Ein Abbauprodukt der DNS, das Kinetin, wurde von Skoog und Miller als Wirkstoff entdeckt, der das Wachstum von Gewebekulturen fördert, indem er die Zellteilungsrate erhöht. Die Stimulation der Zellteilung durch Kinine (Cyto- oder Phyto-Kinine) wurde am Markgewebe von Tabak untersucht (Zellteilungstest). Es ergab sich dabei, daß die Zellteilungsrate nur erhöht wird, wenn Auxin anwesend ist. Kinine verhindern das Vergilben der Blätter (Vergilbungstest), was auf dem Abbau von Chlorophyll und Eiweiß beruht. Hierbei verursachen die Kinine eine Anreicherung von Eiweißbausteinen am Wirkungsort, also z. B. in den Blättern. Es kann dies sowohl auf verringertem Abtransport der Spaltprodukte als auch auf verstärktem Zustrom von Aminosäuren beruhen. Radioaktiv markierte Aminosäuren reichern sich schnell am Ort der Kininwirkung an, was als Beweis für verstärkten Zustrom gewertet werden kann.

In ähnlicher Weise wie bei den übrigen Wirkstoffen muß auch der primäre Wirkungsmechanismus dieser Kinine in der Regulation der Synthese von Nukleinsäuren und Eiweißen gesucht werden. Diese Steuerung ist wahrscheinlich die Voraussetzung für die Anreicherung von Aminosäuren am Wirkungsort. Die Wirkstoffe vermögen wohl auch den Nukleinsäurenabbau zu verringern, indem sie ein Ferment dieses Abbaus, die Xanthinoxydase, hemmen.

Die physiologischen Wirkungen können ausschließlich nur an grünem Gewebe beobachtet werden. Die Plastiden spielen dabei sicher eine besondere Rolle.

Natürlich vorkommende Kinine wurden bisher aus jungen Maisfrüchten, dem Endosperm sich entwickelnder Mais-Karyopsen und dem Blutungssaft von Sonnenblumen gefunden. Die chemische Struktur dieses aus Mais isolierten Zeatin ist bekannt (Abb. 3).

II. Hormone bei Tier und Mensch

a) Gewebehormone

Zu dieser Hormongruppe gehören die Wirkstoffe des Magen-Darmgebietes der Wirbeltiere, die Gastro-Intestinal-Hormone. Außer dieser Gruppe werden hier noch weitere Stoffe besprochen, die mit Gewebehormonen vergleichbar sind. Es sind dies die verschiedenen Wirkstoffe des Nervensystems und die pharmakologisch wichtigen Amine. Bei Wirbellosen wird die Tätigkeit des Verdauungsapparates wahrscheinlich durch Stoffe dieser letzten Gruppe reguliert. Außerdem werden noch einige Faktoren erwähnt, die in der Niere gebildet werden.

1. Gastro-Intestinal-Hormone

In der Einleitung wurde erwähnt, daß der Anregungsstoff für die Bauchspeicheldrüse, das Sekretin, bereits im Jahre 1905 entdeckt und als „Hormon" bezeichnet wurde. Auch Gastrin ist etwa seit dieser Zeit bekannt. Der Magen-Darm-Kanal besteht ja aus mehreren verschiedenartigen Organsystemen. Die physiologische Leistung dieser Systeme muß beim Transport und der Verdauung der Nahrung koordiniert sein. Der Ablauf der Reaktionen erfolgt ohne Einwirkung des Willens, die Steuerung geht vom System selbst aus. Dies regulieren Nerven und Automatismen. Außerdem werden von Zellen, die verstreut in der Wand der Organe liegen, Substanzen abgesondert, die auf dem Blutweg zu anderen Geweben, in der Regel nahe dem Entstehungsort, gebracht werden und dort Reaktionen auslösen (Abb. 4).

Gastrin. Gelangt Nahrung aus dem Mund durch die Speiseröhre in den Magen, so ist meistens schon von Sinnesorganen des Mundes aus nervös ein Reiz übermittelt worden. Extraktstoffe der Nahrung selbst verursachen auch eine Stimulation der Drüsenzellen der Magenschleimhaut. Daneben reizt die Nahrung mechanisch die sekretorisch tätigen Zellen der Magenwand. Teile am Ausgang des Magens (im Pylorus-Teil) produzieren ein Protein, das die Sekretion der Magensaft-produzierenden Zellen, vor allem der Salzsäure-bildenden, in den übrigen Schleimhautbezirken des Magens anregt, wenn es auf dem Blutweg dorthin gelangt. Diese Wirkung wurde schon von dem Engländer Edkins (1905) nachgewiesen, der Katzen einen Extrakt aus der Pylorusschleimhaut in die Blutbahn injizierte und danach erhöhte Sekretionstätigkeit des Magens feststellte.

Dieser Effekt ist nicht spezifisch für Gastrin. Histamin, ein Abbauprodukt der im Tierkörper verbreiteten Aminosäure Histidin entfaltet ähnliche Wirkungen. Eindeutig nachgewiesen wurde Gastrin erst durch folgende Technik:

Man isolierte operativ Teile des Magens bei Hunden und verband diese Taschen fistelartig mit der Oberfläche (HEIDENHAINsche Fistel). Dieser Tasche kann man leicht mit einer Pipette Magensaft entnehmen. Sie ist von anderem Magengewebe und Nerven isoliert, so daß die Reaktion nur über das Blut beeinflußt werden kann. Die Sekretionstätigkeit kann daher sehr viel genauer kontrolliert werden. Gastrin wird durch Histaminase, ein Ferment, das Histamin zerstört, nicht abgebaut, kann also mit Histamin nicht identisch sein. Es ist vielmehr ein Polypeptid, das wahrscheinlich aus 107 Aminosäuren besteht. Seine chemische Natur ist im einzelnen aber noch nicht geklärt. Ebenso ist der genaue Entstehungsort, die synthetisierende Zelle, noch unbekannt.

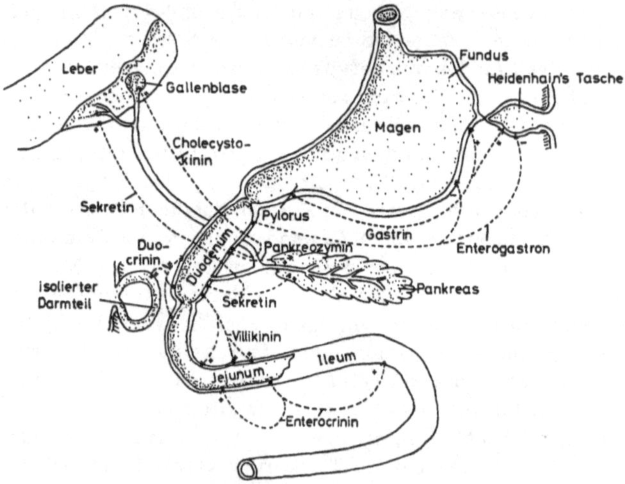

Abb. 4. Angriffs- und Entstehungsort der Gewebehormone des Gastrointestinal-Gebietes bei höheren Wirbeltieren (+ Stimulierung, — Hemmung)

Als natürlicher Anregungsstoff wurde Gastrin bisher nur bei Säugern nachgewiesen. Vögel und auch einige kaltblütige Wirbeltiere reagieren zwar auf Gastrin mit erhöhter Magensaftsekretion, es bleibt aber fraglich, ob Gastrin bei diesen Tieren selbst vorkommt. Möglicherweise wird die Magensaftsekretion bei dieser Tiergruppe nur nervös gesteuert oder aber Histamin und ähnliche Verbindungen wirken mit.

Für eine eindeutige Funktionsregulation ist notwendig, daß einer stimulierenden Substanz eine hemmende gegenübersteht. Die zu Gastrin antagonistische Substanz dürfte in einem Gewebehormon gefunden worden sein, das in der Wand des Duodenum (an den Magen anschließender Darmabschnitt) gebildet wird. Nach Genuß fetthaltiger Nahrung und Passage derselben durch den Magen hemmen Extrakte aus dieser Schleimhaut die Säureproduktion im Magen. Auch die Kontraktionen des Magens sollen nach Injektion dieser Extrakte eingestellt werden. Es ist nachgewiesen, daß diese Wirkung nicht von Abbauprodukten der Fette im Körper ausgeht. Der wirksame Stoff wurde Enterogastron genannt. Er gelangt auf dem Blutweg zum reagierenden Gewebe und schützt wahrscheinlich die Magenschleimhaut vor Schäden, die eine übermäßige Magensaftproduktion verursachen könnte. Die physiko-chemische Analyse eines gut gereinigten Extraktes hat gezeigt, daß Enterogastron ein verhältnismäßig kleines Peptidmolekül ist.

Sehr gut bekannt sind die physiologischen Eigenschaften des Sekretin, das ebenfalls im Duodenum gebildet wird. Von diesem Hormon — wie von allen Gewebehormonen — ist die Produktionsstätte (die sezernierende Zelle) nicht genau bekannt. Es ist als einziges dieser Peptide bisher in reiner Form erhalten worden. Unter den Aminosäuren, die dieses Peptid aufbauen, sind interessanterweise keine schwefelhaltigen Aminosäuren enthalten und auch Tryptophan, Tyrosin und einige andere fehlen, die zu den aktivsten gerechnet werden. Das Molekulargewicht des Sekretin liegt etwa bei 5000.

Die Abgabe des Sekretins in die Blutbahn wird bei Säugern durch das Übertreten des sauren Nahrungsbreies vom Magen in den Darm angeregt. Auf dem Blutweg gelangt das Sekretin zur Bauchspeicheldrüse (Pankreas) und Leber.

Versuche mit hochgereinigtem Sekretin haben inzwischen ergeben, daß dieses Gewebehormon anscheinend nur die Bikarbonat-Sekretion der Bauchspeicheldrüse und die Gallenproduktion der Leberzellen anregt. Weitere Wirkungen, die früher noch diskutiert wurden, sind wohl auf Verunreinigungen zurückzuführen. Auf eine Einheit Sekretin (HAMMARSTENS Katzen-Einheit) werden innerhalb von 15 Minuten nach der Injektion 0,1 ml 1/10 n $NaHCO_3$ abgegeben. Galle und Bikarbonat neutralisieren den sauren Nahrungsbrei aus dem Magen. Neutrale oder schwach alkalische Reaktion ist die notwendige Wirkungsbasis der Verdauungsfermente des Darmes.

Eine interessante Nebenwirkung des Sekretin ist ergänzend zu verzeichnen. Die Wirkung auf das Pankreas schließt auch den endokrinen Teil, das Inselsystem, ein. Es konnte in vitro nachgewiesen werden, daß Insulin nach Kontakt mit Sekretin aus den Pankreasinseln freigesetzt wird. Da Insulin beim Stoffwechsel eine große Rolle spielt, ist diese Wechselbeziehung wahrscheinlich recht vorteilhaft für die Verteilung der Nahrungsstoffe nach der Resorption durch die Darmwand.

Sekretin ist in der Darmschleimhaut fast aller Wirbeltiergruppen nachgewiesen. Ob die Bedeutung des Sekretins und die Stimulation der Sekretion bei all diesen Tieren gleich sind, ist zweifelhaft.

Für die Abgabe des Sekretin und die damit verbundene Sekretion des Pankreas ist, wie erwähnt, eine Nervenversorgung nicht nötig. Diese Feststellungen gehen schon auf die Schule des russischen Physiologen PAVLOV (1910) zurück. Dieser untersuchte das Reflexgeschehen des Magen-Darmgebietes. Auch hier erwies sich die Isolierung eines Darmteiles mit Fistel als günstig, da man so künstlich allein mit Säuren die Sekretinproduktion auslösen kann (Abb. 4).

Es wurde viel diskutiert, ob Sekretin die Sekretproduktion der sogenannten Brunnerschen Drüsen im Duodenum anregt. Man neigt heute dazu, diese Stimulation einem besonderen Gewebehormon, dem Duocrinin, zuzuschreiben, dessen chemische Besonderheiten jedoch unbekannt sind.

Von weiteren Gewebehormonen dieses Darmabschnittes seien noch das Cholecystokinin, das Pancreozymin, das Enterocrinin und das Villikinin genannt. Cholecystokinin kontrahiert die Muskulatur der Gallenblase und bewirkt so deren Entleerung in den Darm. Die Wirksamkeit dieses Gewebehormons ist stets mit einer Anregung der Fermentproduktion in der Bauchspeicheldrüse verbunden, die eigentlich durch Pancreozymin bedingt wird. Da Cholecystokinin- und Pancreozymin-Effekte schwer zu trennen sind, ist ungeklärt, ob es sich dabei nicht um ein einziges Hormon handelt.

Sobald der Nahrungsbrei den nächsten Darmabschnitt, das Jejunum, erreicht, wird das Enterocrinin freigesetzt. Peptone in der Nahrung sollen die Darmwand zur Abgabe dieses Gewebehormons reizen, das dann die Umgebung, vor allem die Drüsenzellen des Ileum, beeinflußt.

Der letzte dieser hormonalen Reizstoffe, das Villikinin, wird in der Duodenumwand produziert und fördert die Bewegung der Darmzotten. Möglicherweise wirkt dieser Stoff über lokale Nervenganglienzellen.

2. Neurohumoralismus und pharmakologisch wichtige Amine

Für die Erforschung des Neurohumoralismus waren die Experimente von Löwi (1924) zur Regulation der Schlagfolge des Froschherzens wichtig. Für solche Untersuchungen bringt man das Organ, welches sich rhythmisch kontrahiert (z. B. Froschherz, Herz der Schnecke Aplysia oder Helix, Darmstücke von Wirbeltieren oder auch Insekten, Würmer usw.) in eine physiologische Salzlösung. Eine Zeitlang schlagen die Organe darin weiter, und schließlich hören die spontanen Kontraktionen auf. Beim Froschherzen läßt sich durch Reizung der Nerven die Schlagfolge verringern oder vermehren. Dabei gewinnt die Flüssigkeit im Herzen die Fähigkeit, die Schlagfolge eines ungereizten Herzens ebenso zu verändern. Ein Schneckenherz, das sich nicht mehr kontrahiert, wird durch Extrakt von frischen Herzen zu neuen Schlägen angeregt. Nach diesem Prinzip ist der pharmakologische Nachweis von Nervenreizstoffen geführt worden.

Löwi wies am Froschherzen nach, daß Hemmung oder Stimulation, die vom parasympathischen oder sympathischen Nervensystem (Vagus oder Accelerans) ausgelöst werden, Wirkungen bestimmter stofflicher Faktoren sind. Später wurde erkannt, daß Azetylcholin als Überträgerstoff des verlangsamend wirkenden Parasympathikus und Noradrenalin als „Acceleransstoff" anzusehen sind (Abb. 5). Unter Überträgerstoff versteht man eine Substanz, die an der Verbindungsstelle des Nerven zum Muskel oder bei der Umschaltung einer Nervenzelle (Neuron) auf eine zweite, bei einer Synapse (Übergang der ersten Nervenfaser zum zweiten Nervenzellkörper), die Reizweiterleitung gewährleistet. Azetylcholin wird nicht nur von Nervenenden des Parasympathikus freigesetzt, sondern auch von sympathischen Nervenfasern vor der Umschaltung von einer ersten auf eine zweite Nervenzelle. Erst bei der Übertragung von der zweiten Faser, der postganglionären sympathischen Faser, tritt Noradrenalin als Überträger auf (adrenerge Nerven). An den motorischen Endplatten am Muskel, d. h. an der Nervenzuleitung zum Bewegungsapparat, kurz bei allen „cholinergen" Nerven, ist Azetylcholin die Überträgersubstanz. Beide Stoffe sind mitbeteiligt an der Regulation der Bewegungen von Darm, Herz und anderen inneren Organen. Dies gilt sowohl für Wirbeltiere als auch Insekten, Anneliden, Mollusken und Echinodermen. Azetylcholin ist hierbei am weitesten verbreitet. Echte Neurohormone beeinflussen zusätzlich all diese Bewegungskoordinationen.

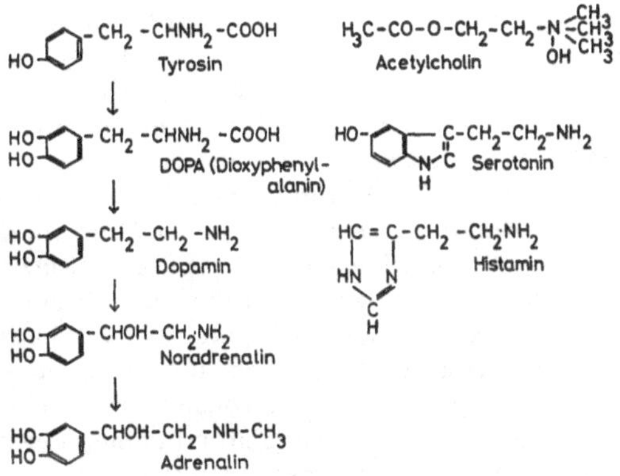

Abb. 5. Umwandlung von Tyrosin in Adrenalin und chemische Struktur von Wirkstoffen des Nervensystems

Serotonin (5-Hydroxytryptamin, Enteramin Abb. 5) muß ebenfalls zu den neurohumoralen Überträgersubstanzen gerechnet werden. Bei der Innervation des Herzens der Muschel Venus vertritt es wohl Noradrenalin als Überträgersubstanz adrenerger Nerven (WELSH). Es ist in Ganglien von Mollusken, Anneliden und auch Crustacen sehr verbreitet. Besonders erwähnenswert ist die Anwesenheit von Serotonin in der Schleimhaut des Magens und Darmes der Wirbeltiere (ERSPAMER, 1957) und der Körperhaut von Amphibien. Da es sich im Gewebe durch Silberimprägnation leicht nachweisen läßt, bezeichnet man die Zellen, die Serotonin enthalten, als enterochromaffines Gewebe. Mit Adrenalin und Noradrenalin zusammen kommt Serotonin auch in dem Nebennierenmark der Wirbeltiere, dem chromaffinen Gewebe vor. Die Bedeutung dieser endrokinen Drüse und ihre wesentlichen Wirkstoffe Adrenalin und Noradrenalin werden in dem entsprechenden Kapitel behandelt.

Histamin ist ebenfalls weit verbreitet (Abb. 5). Seine Wirkung auf die Magenschleimhaut wurde schon diskutiert. Es erweitert die Kapillaren stark und spielt bei Verletzungen eine Rolle. Hierbei wird es von Mastzellen der Haut freigesetzt. Histamin löst dann eine lokale Hyperämie, eine verstärkte Durchblutung der Kapillaren an der gereizten Stelle, aus. Dies wiederum fördert den Heilungsvorgang. Bei Einwirkung ultravioletten Lichtes, bei Verbrennungen und auch starker lokaler Unterkühlung ist die Freisetzung von Histamin wichtig. Hierüber unterrichtet die „Histamintheorie" der Strahlenwirkungen, die viele Bestrahlungseffekte auf Histamin zurückführt. Als Test für Histamin wird die Kontraktionsfähigkeit des überlebenden Meerschweinchendarms benutzt, bei dem Histamin noch in einer Verdünnung von $1:5x10^8$ kontraktionsauslösend wirkt.

3. Besondere humorale Faktoren aus der Niere

Auf Grund des Einflusses, den die genannten Überträgersubstanzen und Histamin auf Herz und Blutgefäße ausüben, wird natürlich auch der Blutdruck verändert. Daneben gibt es hormonähnliche Stoffe, die verhältnismäßig lang anhaltende Veränderungen des Blutdrucks verursachen können. In der Niere wird an einer bestimmten Stelle Renin gebildet. Als Bildungsort wird die Arteriolenwand diskutiert, an der das Blut zum Glomerulum vorbeifließt, wo also die Filtration des Blutes erfolgt. Diese Zone wird bei Säugern als „juxtaglomerulärer Apparat" bezeichnet. Renin bewirkt den Abbau eines in der Leber produzierten Proteins, ist also eine Proteinase. Es wird hierdurch zunächst ein Dekapeptid, das Angiotensin I, freisetzt, dessen Aminosäuresequenz (Abkürzungen sind am Ende des Buches angegeben) die folgende (gültig für Angiotensin I des Pferdes) ist:

Asp-Arg-Val-Tyr-Ileu-His-Pro-Phe*-His-Leu

Die Aminosäure Ileu ist beim Rinder-Angiotensin durch Val ersetzt. An der mit * bezeichneten Stelle wird dieses Molekül nochmals gespalten, so daß dann das pharmakologisch aktive Oktopeptid Angiotensin II vorliegt. Die Wirkung des Angiotensin II auf Blutkapillaren ist recht spezifisch. Wahrscheinlich ist vor allem die Nierendurchblutung betroffen, denn Angiotensin verringert die Harnproduktion, es wirkt antidiuretisch. Möglicherweise wirkt das Renin-Angiotensin nicht nur direkt auf die Niere, sondern auch auf die Nebennierenrinde. Dort stimuliert es die Ausschüttung von Aldosteron.

Zu erwähnen ist ein weiteres Gewebehormon aus der Niere. Sie produziert eine Substanz, die bei geringem Sauerstoffdruck im Blut die Produktion von roten Blutkörperchen (Erythrocyten) ansteigen läßt. Diese Substanz, deren Wirkung noch wenig geklärt ist, wird Erythropoietin genannt.

b) Neurohormone (Neurosekrete)

1. Allgemeines

Neurohormone sind Gewebehormone, die in Nervenzellen gebildet werden. Die Besonderheit der Neurohormone gegenüber den übrigen Wirkstoffen des Nervensystems, wie Überträgersubstanzen usw., liegt darin, daß sie in Neuronen von begrenzten Bezirken des Nervensystems entstehen, in der Regel in seinem zentralen Teil.

Der Zellkörper der produzierenden Nervenzelle enthält Zellkern und Zellorganellen, die die Synthese durchführen. Es wird allgemein angenommen, daß das Sekret im Cytoplasma gebildet wird. Die Neurosekretgranula fließen im Axon vom Zellkörper weg zur Axonspitze. Diese speichert das Neurosekret (Neurohaemalorgan) und tritt in Verbindung zu einem Blutgefäß. Die Abgabe des Neurosekretes an die Blutbahn erfolgt auf einen Reiz hin. Die Aktivität eines neurosekretorischen Systems, d. h. die Menge Hormon, die in den Blutstrom kommt, ist abhängig von mehreren Parametern: Synthese im Zelleib — Transportgeschwindigkeit im Axon — Abgabegeschwindigkeit und Füllungszustand des Neurohaemalorgans.

Die Definition der Neurohormone beruhte ursprünglich auf der Anfärbbarkeit mit spezifischen Farbstoffen. Dies gilt auch heute noch als wesentliches Kriterium. Zunächst wurde von Bargmann die Chromalaunhämatoxylin-Färbung, eine ursprünglich von Gomori für andere Zwecke verwendete Färbung und Gabe's Paraldehydfuchsin-Färbung zum histologischen Nachweis des Neurosekretes eingeführt. Das Neurosekret färbt sich hiermit meist in Form blauer Granulen. Bei einigen Tiergruppen ist jedoch Neurosekret nachgewiesen, das bevorzugt durch die sauren Bestandteile der Färbemittel und somit rot angefärbt wird. Die Färbungen stellen indessen prinzipiell keine für Neurosekret spezifischen Reaktionen dar. Vielmehr dürfen bestimmte chemische Gruppen, vor allem SH-Gruppen, die in allen Eiweißen vorkommen — hier aber wohl gehäuft sind — und die granuläre Form, in der das Neurosekret nach Fixierung vorliegt, für den positiven Ausfall der Färbung verantwortlich sein. Histochemische Grundlage: SH-Gruppen werden zu SO_3H-Gruppen oxydiert, die stark sauer reagieren und dadurch basische Farbstoffe binden. Weitere Nachweise, ebenfalls nicht spezifisch, sind die Alcianblau-Technik von ADAMS und SLOPER und das Fluoreszens-Verfahren mit Pseudoisocyanin von STERBA. Besonders die letzte Methode ist geeignet, sehr geringe Sekretmengen nachzuweisen.

Mit all diesen Farbstoffen läßt sich das Neurosekret in folgenden Systemen blau anfärben („Gomori-positiv"): dem System Pars intercerebralis-Corpus cardiacum-Corpus allatum der Insekten, den neurosekretorischen Systemen im Augenstiel und in Ganglien von Krebsen, dem System Hypothalamus-Hypophysenhinterlappen (zusätzlich noch in der Eminentia mediana) bei Wirbeltieren, einigen Fasern, die zum Hypophysenzwischenlappen einiger Wirbeltiere führen und Neuronen in verschiedenen Ganglien von Wirbellosen. Neurosekretorische Neurone, die von den sauren Farbbestandteilen rot, gleichsam „negativ", angefärbt werden, sind: Zellen im Gehirn von wirbellosen Tieren, ein caudales neurosekretorisches System im Schwanzgebiet von Fischen gelegen, seitliche Kerngebiete im Hypothalamus von Knochenfischen und bei allen Vertebraten verteilte Neurone im Hopothalamus, die Neurosekret zur Eminentia mediana schicken.

Durch Anwendung solcher Verfahren ist es gelungen, bei fast allen Tiergruppen, die ein zentralisiertes Nervensystem besitzen, neurosekretorische Zentren nachzuweisen (E. u. B. SCHARRER, HANSTRÖM, BARGMANN, KNOWLES, GERSCH u. a.).

Mit Hilfe der Färbedichte, der Anzahl von Granulen, der Erscheinungsform der Zellbestandteile (Hinweise auf Syntheseaktivität), versucht man eine Aussage über die Aktivität des Systems zu machen. In Abb. 6 sind drei Aktivitätstypen dargestellt: 1. Hohe Syntheserate bei geringer Speicherung, 2. gehemmte Synthese und unterbundene Abgabe des Sekretes, 3. Inaktivität des Systems für längere Zeit (granula-frei).

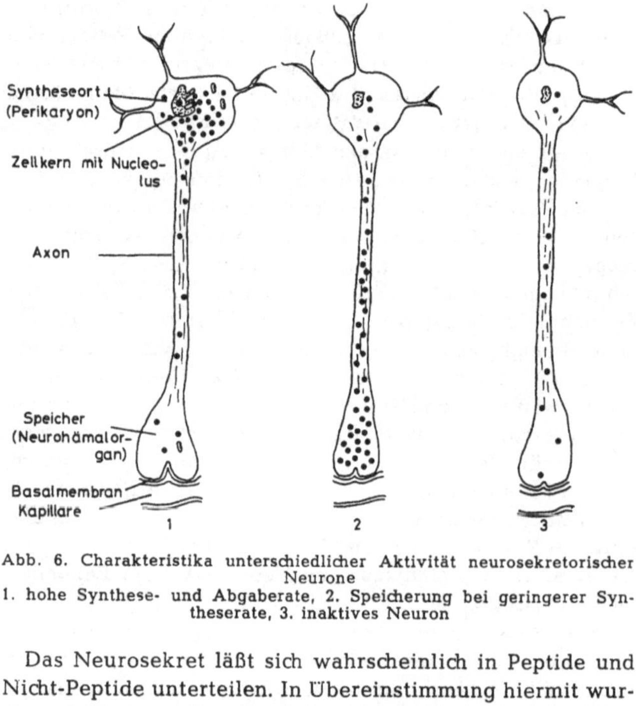

Abb. 6. Charakteristika unterschiedlicher Aktivität neurosekretorischer Neurone
1. hohe Synthese- und Abgaberate, 2. Speicherung bei geringerer Syntheserate, 3. inaktives Neuron

Das Neurosekret läßt sich wahrscheinlich in Peptide und Nicht-Peptide unterteilen. In Übereinstimmung hiermit wurden elektronenmikroskopische Unterschiede in den Nervenfasern gefunden: A-Fasern mit Granulen von 1000 bis 2800 Å (Peptide enthaltend) und B-Fasern, deren Einschlüsse nur 700 Å Durchmesser haben. Allerdings sind sowohl diese beiden Fasertypen wie auch die neurosekretorischen Neurone von anderen Nervenzellen nicht prinzipiell abzutrennen. Nach neueren Untersuchungen von E. u. B. Scharrer, Barg-

MANN, BERN und KNOWLES ist vielmehr anzunehmen, daß außer der Produktion verschiedenartiger Stoffe solche Nervenzellen auch noch andere Funktionen ausüben. Nervenfasern aus dem Hypophysen-Zwischenlappen der Katze innervieren z. B. Epithelzellen und enthalten gleichzeitig sowohl neurosekretorische Elementargranula als auch synaptische Bläschen (nach allgemeiner Ansicht die morphologischen Substrate der Überträgersubstanz Azetylcholin). Auch Katecholamingranula, die die Überträgersubstanz Adrenalin enthalten, sind dort nachgewiesen. BARGMANN und Mitarbeitern gelang an diesem Organ der Nachweis von drei verschiedenen Synapsen an Epithelzellen: solchen mit synaptischen Bläschen (cholinerge), mit synaptischen Bläschen und Katelcholamingranula (monoaminerge) und solche mit synaptischen Bläschen und neurosekretorischen Elementargranula (peptiderge).

Damit verwischen sich wesentliche Unterschiede zwischen peptidergen, monoaminergen und cholinergen Neuronen.

2. Neurosekretion bei Wirbellosen

α) Allgemeines, Phylogenie und Neurohaemalorgane

Seit KOPEČ (1917) nachwies, daß das Nervensystem von wirbellosen Tieren hormonartig wirkende Stoffe enthält, haben ausgedehnte Forschungen ergeben, daß die Neurosekretion für die Regulation der Lebensprozesse der wirbellosen Tiere, eine fundamentale Bedeutung hat. Bei einigen Wirbellosen ist die Neurosekretion wahrscheinlich die einzige Form von Hormonproduktion. Daraus ist zu ersehen, daß die Funktion der Neurohormone eine sehr vielseitige ist. Betrachtet man die Entwicklung der Hormonsysteme der gesamten Tierwelt unter phylogenetischen, d. h. abstammungsmäßigen Gesichtspunkten, so kommt man mit GERSCH (eine Reihe von Aufsätzen seit 1957) zu der Feststellung, daß Regulation durch Neurohormone als die ursprünglichste hormonale Koordinationsweise anzusehen ist.

Eine eindrucksvolle phylogenetische Reihe vermittelt die vergleichende Betrachtung der Neurohaemalorgane. Im einfachsten Fall wird das Neurosekret zwischen den Neuriten im Bauchmark gespeichert (z. B. bei einigen Plathelminthes: Kleiner Leberegel). Im Gehirn einiger Anneliden (Ringelwürmer) entsteht ein richtiges Speicherorgan, das von Epithelzellen und Bindegewebe umgeben ist (einfaches Neurohaemalorgan). Vor allem bei Insekten und Krebsen sind komplizierter aufgebaute Neurohaemalorgane beschrieben worden, die vom Gehirn anatomisch getrennt sind. Sie liegen diesem aber dicht an und stehen durch Nervenfasern mit ihm in Verbindung (differenzierte Neurohaemalorgane). Hierzu gehören die Sinusdrüse im Augenstiel der decapoden Krebse (Langschwanzkrebse, Krabben, Garneelen) und die Corpora cardiaca der Insekten. Bei Krebsen gibt es neben der Sinusdrüse noch weitere Neurohaemalorgane dieses Typs. Die Schneiderschen Organe der Spinnen und die „Cerebraldrüse" der Myriopoden sind ebenfalls differenzierte Neurohaemalorgane.

Mit den zuletzt erwähnten Neurohaemalorganen treten bei manchen Wirbellosen Organe in Kontakt, die als „Hirnanhangsdrüsen" („neuroendokrine Hormondrüsen", Gersch) bezeichnet worden sind. Hier handelt es sich um Drüsen, die nicht dem Nervensystem entstammen, also keine Neurohaemalorgane sind. Dies schließt jedoch nicht aus, daß sie Neurosekret speichern können, denn auch zu ihnen führen oft Nerven. Der Unterschied zwischen solchen Hirnanhangsdrüsen und differenzierten Neurohaemalorganen ist jedoch häufig nicht so klar, daß eine eindeutige Zuordnung möglich wäre. Die Corpora allata der Insekten sind hierzu zu rechnen (Abb. 7). Auch bei Mollusken gibt es Hirnanhangsdrüsen (Follikeldrüse der Schnecken).

β) Bedeutung der Neurosekretion bei den verschiedenen Tiergruppen (ohne Arthropoden)

Die Neurosekretion bei Wirbellosen läßt uns nach dem Gesagten zwei für eine phylogenetische Betrachtung wesentliche Gesichtspunkte erkennen:

1. Die Neurosekretion ist die primitivste Stufe hormonaler Regulation und hat gleichzeitig so umfassende Fähigkeiten, daß sie bei einfach organisierten Tieren alle Lebensprozesse mitregulieren kann.
2. Bei ursprünglichen Formen ist die Neurosekretion einheitlich über das ganze zentrale Nervensystem verteilt.

Die Funktionen, die Neurosekrete bei Wirbellosen erfüllen, sind vielgestaltig. Sie regulieren Wachstums- und Entwicklungsprozesse, können für die Ausbildung der Geschlechtsorgane und den Ablauf der Geschlechtsvorgänge verantwortlich sein, beeinflussen den Farbwechsel und die Bewegungsmechanismen verschiedener innerer Organe. Auch Stoffwechsel, Wasser- und Mineralstoffhaushalt unterliegen in der Steuerung durch Neurosekrete.

Bei Ceolenteraten, den Formen mit primitivem dezentralisiertem Nervensystem, ist nicht geklärt, ob Neurosekretion überhaupt vorkommt. Bei parenchymatösen Würmern, z. B. dem Turbellar Leptoplana acticola, sind im Gehirn sezernierende Zellen histologisch nachweisbar. Neurosekret ist bei diesen Plathelminthes für Regenerationsprozesse und vielleicht den Wasserhaushalt notwendig. Bei dem Nematoden Ascaris wurde in jedem Ganglion des Papillarnerven eine neurosekretorische Zelle festgestellt.

Bei Anneliden findet man in allen systematischen Gruppen neurosekretorische Zentren im Gehirn. Aktivitätsrhythmen in der Neurosekretion lassen vermuten, daß die Neurohormone hier in Geschlechtsvorgänge, in den Ablauf der Fortpflanzungs- und Schwärmperioden eingreifen und bei den morphologischen Veränderungen bestimmter Körperabschnitte der Tiere, die die Fortpflanzungsorgane tragen (Umwandlung der atoken in die epitoke Form) eine Rolle spielen.

Eine Schwärmrhythmik, die nach den Mondphasen ausgerichtet ist, kennt man vom Palolo-Wurm (Eunice viridis). Das Intervall zwischen zwei Schwärmzeiten beträgt 12 oder 13 Mondmonate. Es ist leicht vorstellbar, daß das Mondlicht, über die Augen perzipiert, das Gehirn zur Veränderung der Neurosekretabgabe anregt und damit die Schwärmprozesse so ausrichtet, daß wenige Tage vor dem letzten Viertel die Fortpflanzung abläuft.

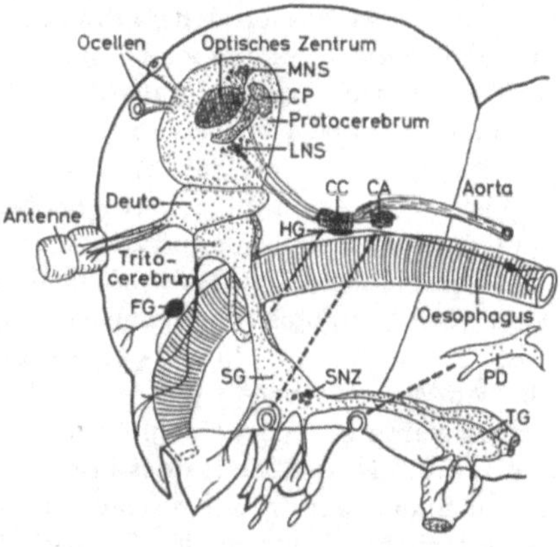

Abb. 7. Hormonsysteme im Insektenkopf (n. WEBER, JENKIN u. a.)
CA — Corpora allata, CC — Corpora cardiaca, CP — Corpora pedunculata, FG — Frontalganglion, HG Hypocerebralganglion, LNS — laterale neurosekretorische Zellen, MNS — mediane neurosekretorische Zellen, PD — Prothoraxdrüse, SG — Unterschlundganglion, SNZ — neurosekretorische Zellen im Suboesophagealganglion, TG — Throrakalganglion,

Neurosekretorische Zellen wurden bei Mollusken mit histologischen Methoden im Cerebralganglion und auch in den übrigen Ganglien nachgewiesen. Über die Bedeutung des Neurosekretes bei dieser Tiergruppe ist wenig bekannt geworden. Die Rhythmik innerer Organe (z. B. die Tätigkeit des Schneckenherzens oder die Kontraktion der Nephridialschläuche von Phascolosoma vulgare, einem Sipunculiden) wird von Nervenreizstoffen und wahrscheinlich auch von Neurohormonen gesteuert.

Für Seesterne wurde von UNGER in erster Linie eine Korrelation zwischen Neurosekretgehalt und osmotischer Belastung nachgewiesen. Zusätzlich regulieren auch Nervenreizstoffe den Wassergehalt des Körpers.

γ) Bedeutung der Neurosekretion bei den Arthropoden

Die Bedeutung der Neurosekretion und das Zusammenspiel mit den übrigen endokrinen Drüsen ist bei der Gruppe der Arthropoden (Krebse, Spinnen und Insekten) am besten herausgearbeitet worden. Einen Überblick der wesentlichsten Teile des neurosekretorischen Systems der Insekten bietet Abb. 7. Neurosekretorisch tätige Nervenzellgruppen liegen in der Pars intercerebralis des Protocerebrum. Dabei unterscheidet man mediane und laterale Gruppen. Auch im Unterschlundganglion liegen neurosekretorische Zellen, und wahrscheinlich wird auch in der Ganglionkette des Bauchmarks Sekret gebildet. Das Sekret des Protocerebrum wird auf Nervenbahnen zu den Corpora cardiaca gebracht, die als Neurohaemalorgane wirken. Es besteht weitere Nervenverbindung zu den Corpora allata, den schon genannten „Hirnanhangsdrüsen", die sicher auch selbst sekretorisch tätig sind. Die Corpora cardiaca und allata rücken anatomisch oft eng zusammen. Die Prothoraxdrüse lagert sich manchmal ebenfalls zu diesem Komplex, z. B. im Weismannschen Ring der Dipteren.

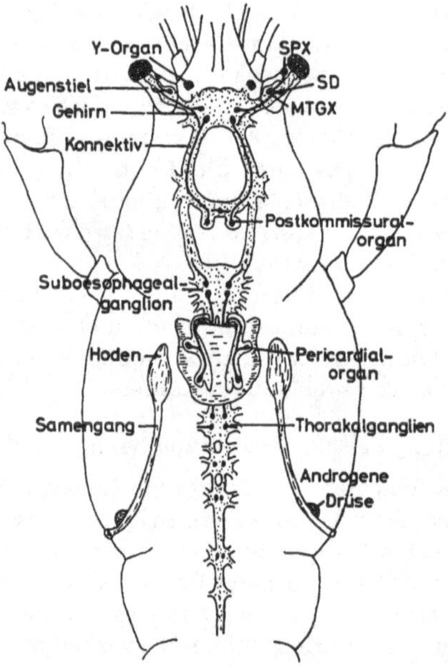

Abb. 8. Hormonsysteme bei Langschwanzkrebsen (n. GORBMAN u. BERN) Abkürzungen s. Abb. 9

Bei den Krebsen sind die Neurosekret-bildenden Nervenzellen (Abb. 8) weit verteilt im Nervensystem. Bei höheren Krebsen sind sie bis zu einem gewissen Grad im Augenstiel konzentriert. Diese Lage gestattet eine enge Korrelation zwischen den Lichtreizen der Umwelt und der Sekretabgabe. Neuere Untersuchungen von WELSH, BLISS und PASSANO haben bewiesen, daß bei Decapoden 4 bis 5 Gruppen neurosekretorischer Zellen im Augenstiel auftreten können. Nach zusammenfassenden Darstellungen von CARLISLE und KNOWLES kann man Zellgruppen in den

Ganglien verschiedener Nervengewebe unterscheiden (Medulla externa — Ganglion-X-Organ, Medulla terminalis — Ganglion-X-Organ) und ein Zentrum im Sinnesporen-Organ, das nicht bei allen Formen vorhanden ist (Sinnesporen-X-Organ). Das Sekret dieser X-Organe wird in der Sinusdrüse gesammelt, gespeichert und von hier abgegeben. Es besteht fast immer ein neurosekrethaltiger Trakt zum Gehirn (Abb. 9).

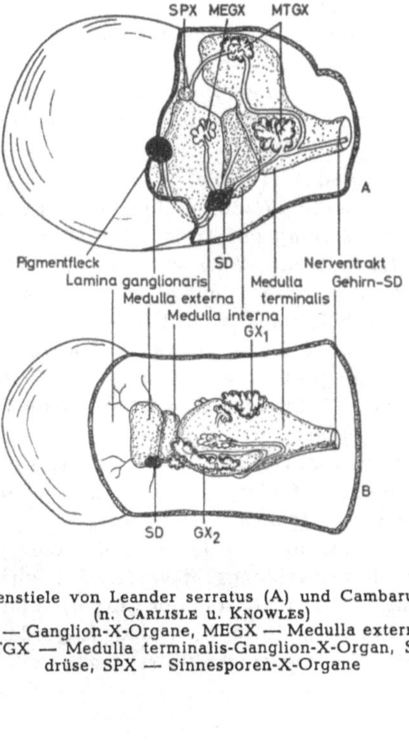

Abb. 9. Augenstiele von Leander serratus (A) und Cambarus virilis (B) (n. Carlisle u. Knowles)
GX_1 und GX_2 — Ganglion-X-Organe, MEGX — Medulla externa-Ganglion-X-Organ, MTGX — Medulla terminalis-Ganglion-X-Organ, SD — Sinusdrüse, SPX — Sinnesporen-X-Organe

Daneben gibt es bei decapoden Krebsen weitere neurosekretorische Systeme. Von Zellgruppen des Gehirns fließt Neurosekret zum Postcommissuralorgan. Auch die Pericardialorgane, die von ALEXANDROWICZ entdeckt wurden, sind Neurohaemalorgane. Sie erhalten das Sekret wohl von Zellgruppen in den Thorakalganglien. Bei allen Decapodengruppen sind in den Bauchganglien weitere Neurohormon-Zentren nachgewiesen.

Die Verhältnisse bei niederen Krebsen sind im Vergleich hierzu völlig unbekannt. Bei dem Salzkrebs Artemia und seinem Verwandten Chirocephalus ist eine Sinusdrüse nachgewiesen. Bei Asseln und Amphipoden ist wahrscheinlich ein ähnliches Organ vorhanden. Bei Wasserflöhen und anderen Entomostraken-Gruppen sind nur vereinzelt neurosekretorisch tätige Zellen, die Neurohormone abgeben, vorhanden.

Häutung und Entwicklung. Besonders wichtig ist bei Arthropoden die Regulation der Häutung und damit der gesamten Entwicklung durch Neurohormone. Bei Insekten treten während der Larvalentwicklung mit jeder Häutung charakteristische Veränderungen der äußeren Gestalt auf, die je nach Entwicklungstyp (vollständige — holometabole oder unvollständige — hemimetabole Verwandlung) mehr oder weniger tiefgreifend sein können. Die Kontrolle dieser Vorgänge durch Hormone wurde in einer langen Reihe von Arbeiten aufgeklärt: von WIGGLESWORTH an der Wanze Rhodnius, von WILLIAMS am Schmetterling Cecropia, von FUKUDA an Bombyx (Seidenspinner), von BOUNHIOL, E. u. B. SCHARRER, GERSCH, PIEPHO, PFLUGFELDER, H. u. E. THOMSEN, NOVAK, POSSOMPES, JOLY, DE LERMA und vielen anderen an Arten fast aller Insektengruppen. Hierbei wirken Neurohormone des Gehirns, Sekrete der Corpora allata und Hormone der Prothoraxdrüse (Ecdyson) folgendermaßen zusammen: Die Gehirnextrakte (KOPEC) enthalten einen Faktor, der die Prothoraxdrüsen stimuliert. Man bezeichnet das Neurohormon, das in Zentren des intercerebralen Teils des Protocerebrum gebildet wird, als ein prothorakotropes oder ecdysiotropes Hormon. Es wird von der Bildungsstätte zunächst zu den Corpora cardiaca transportiert und von hier an das Blut abgegeben. Das prothorakotrope Hormon stimuliert die Abgabe von Ecdyson, dem Häutungshormon.

Ecdyson regt die Häutung an, wobei es gleichzeitig die Ausbildung von adulten Strukturen und Organen fördert. Injektion von Ecdyson verursacht die Verpuppung der Larven. Entsprechend läßt sich Verpuppung verhindern, indem man entweder das Gehirn exstirpiert oder die Corpora cardiaca oder die Prothoraxdrüse entfernt. Die Gleichwertigkeit der Operationen weist auf die Hierarchie hin. Wachstum und Differenzierung werden außerdem durch die Corpora allata beeinflußt. Diese geben einen Faktor, das Juvenilhormon oder Neotenin, ab, der mit Ecdyson konkurriert (Abb. 38).

Juvenilhormon und Ecdyson ergänzen sich folgendermaßen. Die Häutung stellt eine Larvalhäutung dar, wenn die Corpora allata in der Zwischenhäutungsphase viel Juvenilhormon abgeben. Ist dagegen der Titer an Juvenilhormon gering, so bewirkt Ecdyson eine Häutung zur Puppe. Juvenilhormon begünstigt also Wachstum und Differenzierung larvaler Strukturen. In den ersten Entwicklungsstadien ist normalerweise der Quotient Konz. Juv.: Konz. Ecd. groß. Er wird zum Puppenstadium hin kleiner. Allerdings bestehen auch innerhalb einzelner Larvenstadien zeitliche Rhythmen der Hormonsekretion beider Drüsen.

Auch bei Krebsen nimmt das Neurosekret Einfluß auf die Häutung. Am ausgeprägtesten und auch am besten bekannt sind die Verhältnisse bei höheren Krebsen. Wenn Augenstiele operativ entfernt werden, wird die Häutungsfolge erhöht, der Ablauf einer Häutung beschleunigt. Dies beweist die Anwesenheit eines häutungshemmenden Prinzips im Augenstiel. Injektion von Augenstielextrakt hemmt daher die Häutungsfolge. Allerdings wird auf Grund einiger Versuche auch diskutiert, ob zusätzlich ein häutungsbeschleunigendes Hormon im Augenstiel verhanden sein kann. Die Neurosekrete haben aber keinen direkten Einfluß auf die Häutung, sondern wirken über eine Drüse, das Y-Organ (Carapax-Drüse). Dies Y-Organ kann der Prothoraxdrüse der Insekten gleichgesetzt werden. Es produziert ein Hormon, das dem Ecdyson chemisch weitgehend gleicht und ebenfalls die Differenzierungsvorgänge bei der Häutung fördert.

Ein Vergleich zwischen Crustaceen und Insekten zeigt — trotz der Parallele zwischen Y-Organ und Prothoraxdrüse, die beide von Neurosekret reguliert werden — deutliche Unterschiede: Die Neurohormone der X-Organe hemmen die Häutungsdrüse, während die des Protocerebrum der Insekten prothoracotrop wirken. Ein Gegenspieler zum Ecdyson, dem Juvenilhormon der Insekten entsprechend, ist bei Crustaceen nicht bekannt. Das Y-Organ der Crustaceen bleibt während des ganzen Lebens funktionstüchtig. Bei adulten Insekten (Imagines) ist das nicht der Fall; diese häuten sich in der Regel nicht mehr.

Bei Tausendfüßlern regulieren Hormone ähnlich wie bei decapoden Krebsen die Häutung.

Diapause. Bei einigen Insekten tritt eine Unterbrechung der Entwicklung ein, die als Diapause bezeichnet wird. Ein Neurohormon des Unterschlundganglions hat hierauf besonderen Einfluß. Das Eintreten von Diapausen, wie auch der Beginn kurzfristiger Ruhestadien, ist von äußeren Faktoren wie Temperatur, Photoperiode, Nahrungs- und Wasserangebot abhängig. Äußere Einflüsse auf den mütterlichen Organismus können sogar festlegen, ob Diapause-Eier oder Nicht-Diapauseeier abgelegt werden.

Werden Eier des Seidenspinners Bombyx mori bei niederer Temperatur und in Dunkelheit zur Entwicklung gebracht, dann entstehen Falter, die nur Eier legen, die sich ohne Ruhestadium entwickeln (Nicht-Diapauseeier). Das Gehirn hemmt anscheinend bei solchen Faltern auf nervösem Wege die Abgabe eines Diapause-Faktors durch das Unterschlundganglion.

Entwicklung der Ovarien. Werden bei der Heuschrecke Schistocerca männliche und weibliche Tiere zusammengehalten, so regt dies die Oocytenentwicklung an. Die Stimulation unterbleibt nach Ausschalten der neurosekretorischen Zentren im Gehirn. Implantation von Gehirn fördert wieder die Reifung der Oocyten. Außerdem enthalten auch die Corpora allata adulter Tiere ein gonadotropes Prinzip.

Bei Krebsen sezernieren die neurosekretorischen Zentren im Augenstiel ein Neurohormon, das die Entwicklung der Eier hemmt. Die Garneele Leander legt ihre Eier vorzeitig ab, wenn die Augenstiele entfernt wurden.

Stoffwechsel. Augenstielextrakte von Krebsen sowie Corpora cardiaca-Extrakte erhöhen den Kohlenhydratgehalt des Blutes. Es wird diskutiert, ob die wirksamen Neurohormone die Phosphorylase, ein Ferment das Glykogen abbaut, aktivieren. Bei Krebsen hängt allerdings die Wirksamkeit der Augenstielextrakte stark von der Häutungsphase ab. Dies gilt sowohl für den Spender als auch für den Empfänger des Extraktes.

Auch der Proteinstoffwechsel wird durch Neurohormone verändert. Entfernung der Zentren im Gehirn verringert die Protease-Aktivität im Mitteldarm stark. Dies ist als Ausdruck verringerter Synthese dieses Eiweißkörpers aufzufassen. Offensichtlich wird bei Krebsen in Verbindung mit der Häutung auch der Wasserhaushalt und Elektrolytgehalt durch Neurohormone im Augenstiel reguliert.

Farbwechsel. Sehr vielfältig sind die Wirkungen der Neurohormone auf den Farbwechsel bei Krebsen. Physiologischer Farbwechsel, d. h. kurzfristige Veränderung der Farbe als Folge der Anpassung an die Farben der Umgebung, zeigen fast alle höheren Krebse. Die Farbzellen (Chromatophoren) der Krebse sind weitverzweigte Zellen, die eine oder auch mehrere Arten von Pigment enthalten können. Wir kennen rote (Erythrophoren), schwarze (Melanophoren) und auch gelbe, braune oder weiße Chromatophoren. In den Farbzellen bewegen sich die Pigmentgranula. Sie können in der Mitte konzentriert sein oder sich in alle Ausläufer erstrecken, dispergiert sein. Die Verteilung des Pigmentes verändert die Farbe des Krebses. Da die Verteilung hormonal bedingt ist und die Abgabe des Neurohormons vom Lichtsinnesorgan beeinflußt werden kann, hängt die Farbe der Tiere von den Lichtreizen ab, die aus der Umgebung auf das Tier fallen. Hiermit ist Farbanpassung an die Umgebung möglich. Bei der Sandgarneele Crangon etwa genügt ein Aufenthalt von 30—60 Minuten auf einem bestimmten Untergrund, um eine entsprechende Farbanpassung herbeizuführen. KOLLER stellte schon 1925 fest, daß nach Unterbindung der Blutverteilung die Reaktion in den Körperteilen, die die Blutfaktoren nicht mehr erreichen, verschwindet.

Chromatophorenaktive Stoffe werden nicht nur im Augenstiel sondern in fast allen Teilen des Zentralnervensystems gebildet. Die nachgewiesenen Farbwechselhormone und ihre Wirkungen bei Krebsen bieten ein verwirrendes Bild. Jede Gruppe der höheren Krebse hat ihre besonderen Reaktionen. Die verschiedenen Chromatophoren werden unterschiedlich reguliert, so daß keine Einheitlichkeit besteht. Die Vielzahl der Befunde läßt sich hier nicht wiedergeben. Einheitliche Auffassung besteht darüber, daß bei Krabben (Brachyura) schwarze Pigmente durch einen Sinusdrüsenextrakt dispergiert werden (UDH = Uca darcening hormone), bei Natantia dagegen konzentriert werden (PLH = Palaemon lightening hormone). Sinusdrüse und Postcommissuralorgan sollen bei allen Gruppen (Natantia, Reptantia, Brachyura, Stomatopoda) Substanzen enthalten, die rotes Pigment konzentrieren.

Für Crustaceen ist weiterhin eine hormonal gesteuerte Pigmentverschiebung in der Retina des Auges von Bedeutung. Im Auge der Decapoden gibt es drei Pigmentgruppen: distales und proximales Melanin und Guanin (ein reflektierendes silbrig-weiß glänzendes Pigment). Bei Adaptation des Auges an stärkeres Licht wird das distale Pigment zurückgezogen und das guaninhaltige Pigment unter die Basalmembran des Ommatidiums (Seheinheit) verlagert. Das proximale Pigment ist relativ weit distal verschoben. Dunkeladaptation, also Einstellen auf verhältnismäßig wenig Licht, läßt das distale Pigment weit nach außen wandern, das proximale Pigment wird weiter nach innen unter die Basalmembran verschoben. Das reflektierende Pigment wandert distal durch die Basalmembran. Injektion von Augenstielextrakt hell adaptierter Tiere in dunkeladaptierte läßt distales und reflektierendes Pigment in proximaler Richtung wandern wie es dem hell adaptierten Zustand entspricht. Das proximale Melanin bleibt jedoch in seiner Lage unbeeinflußt. Es schützt im Hellen die Retinazellen vor starkem Lichteinfall. Seine Wanderung im Dunkeln erlaubt die Verwertung von Seitenlicht.

Bei Insekten ist Farbwechsel, der durch Hormone kontrolliert wird, relativ selten. Bei der Stabheuschrecke Carausius morosus sezerniert das Gehirn ein Hormon, welches das Verdunkeln des Insekts auslöst. Es findet eine Wanderung des schwarzen Pigmentes innerhalb der Hypodermiszellen statt (GIERSBERG). Diese Verlagerung erfolgt auch während des natürlichen Tagesrhythmus. Die Verdunklungssubstanz soll nach Untersuchungen von DUPONT-RAABE dem Tritocerebrum entstammen. Aufhellung dagegen wird von einem Hormon des Protocerebrum bewirkt. Von GERSCH und MOTHES wurden die isolierten Neurohormone C_1 (verdunkelnd) und D_1 (aufhellend) an der Hypodermis von isolierten Hautstücken der Stabheuschrecke getestet. Mit in vitro-Versuchen konnte nachgewiesen werden, daß beide Neurohormone nachts ausgeschüttet und tags gespeichert werden. Ein unterschiedlicher Hormontiter der beiden Neurohormone bringt die Farbnuancen hervor.

Die Mückenlarve Chaoborus zeigt einen Farbwechsel der Chromatophoren auf den Tracheenblasen im Thorax und 7. Abdominalsegment. Aus Gehirn und Abdominalganglien werden Neurohormone ausgeschüttet, die eine Dispersion des Pigmentes hervorrufen.

3. Neurosekretion bei Wirbeltieren

Wenn man bei Wirbeltieren von Neurosekretion (der peptidergen und catecholaminergen Neurone) spricht, so denkt man zunächst an das hypothalamisch-neurohypophysäre System des Gehirns. Weiterhin weiß man, daß der Hypophysen-Vorderlappen von Sekreten der benachbart liegenden Eminentia mediana reguliert wird. Man spricht dabei vom tuber-infundibulären System. Ergänzend zu erwähnen ist das bei Fischen nachgewiesene caudale System der Urophysis und schließlich müssen die Drüsenzellen genannt werden, die von Ganglien des sympatischen Nervensystems abstammen und das adrenale Gewebe bilden. Letzteres wird in der Reihe der Drüsenhormone behandelt werden, da es bei den höheren Wirbeltieren mit dem adrenocorticalen Gewebe eine morphologische Einheit, die Nebenniere, bildet.

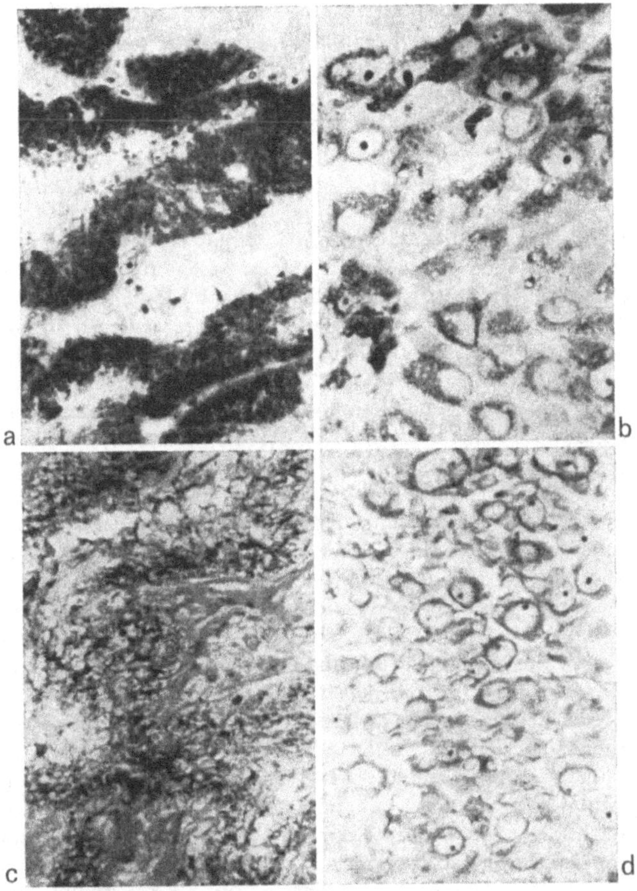

von Gelbaalen nach Adaptation an Süßwasser (a, b — viel Sekret) und Meerwasser (c, d — wenig Sekret)
Abb. 10. Neurosekret im Hinterlappen (a, c) und Hypothalamus (b, d)

α) Hypothalamus — Hypophyse

Hypothalamus und Hypophyse stehen bei den einzelnen Wirbeltiergruppen in funktioneller Beziehung zueinander, die zwar morphologisch sehr unterschiedlich sein kann, physiologisch aber bei allen Gruppen recht ähnlich ist. Der Funktionszusammenhang ist dadurch gegeben, daß einerseits die in bestimmten Kerngruppen des Hypothalamus (bei niederen Wirbeltieren im Nucleus praeopticus, bei Reptilien, Vögeln und Säugern in den zwei Kerngebieten, Nucleus supraopticus und Nucleus paraventricularis) gebildeten Neurosekrete zu dem Hypophysen-Hinterlappen (Neurohaemalorgan) transportiert werden. Abb. 10 bringt Ausschnitte aus dem Nucleus praeopticus und dem Hinterlappen des Aales nach Anfärbung mit Gomori-Farbstoffen. Man erkennt hierbei den unterschiedlichen Beladungszustand des Kerngebietes und des Neurohaemalorgans unter verschiedenen Bedingungen.

Bei höheren Wirbeltieren, wie Vögeln oder Säugern, ist andererseits gut bekannt, daß im Kontaktgebiet des Hypothalamus zur Hypophyse, der Eminentia mediana, ebenfalls Neurosekret gespeichert und abgegeben wird. Die arterielle Versorgung bildet an dieser Stelle Gefäßschlingen. Dann ziehen die Gefäße direkt zum Hypophysen-Vorderlappen weiter. Sie stellen ein Pfortadersystem dar, d. h. eine Gefäßverbindung zwischen zwei Geweben (Eminentia und Vorderlappen), wobei die Gefäße in jedem ein Kapillarnetz bilden. Es können Stoffe über diese Portalgefäße aus der Eminentia direkt zum Vorderlappen gelangen und wirksam werden. Der Zustrom zur Eminentia erfolgt wahrscheinlich aus den Kerngebieten des Hypothalamus und aus der Region des Nucleus infundibularis und damit sehr weiten Gebieten des Hypothalamus. Abb. 11 stellt diese Beziehungen bei Vögeln dar. Als Besonderheit wird bei Vögeln diskutiert, daß möglicherweise bestimmte Fasern zunächst zur Eminentia laufen und dann zum Neurallappen weiterziehen. Bei Säugern und anderen Wirbeltieren sollen die Nervenfasern, die die Eminentia versorgen, jedoch dort enden.

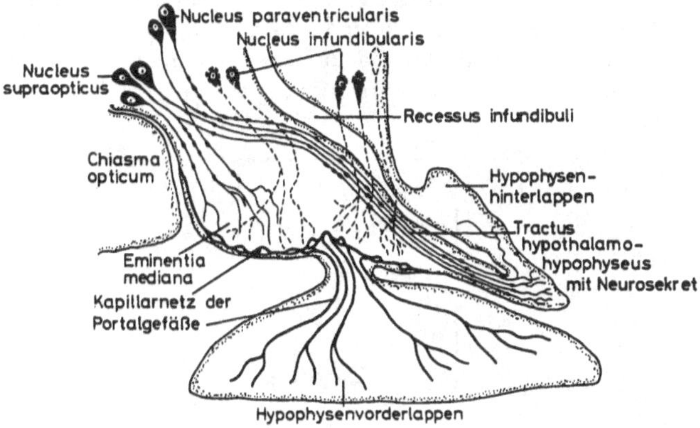

Abb. 11. Nervenverbindungen zwischen neurosekretorischen Zentren im Hypothalamus und der Hypophyse der Vögel (n. Oksche u. a.)

Die phylogenetische Entwicklung des Komplexes Hypophyse-Hypothalamus in der Reihe der Wirbeltiere ist sehr interessant (Abb. 12). Bei primitiveren wasserlebenden Vertebraten erstreckt sich zwischen Neurohypophyse und Adenohypophyse (Vorder- und Zwischenlappen) ein Gefäßbezirk, der bei Landwirbeltieren zugunsten des Aufbaus der Portalgefäße abgebaut wird. Bei der Entwicklung von Rundmäulern (Cyclostomata) zu Knochenfischen (Teleostei) drängen sich die Hypophysenabschnitte stärker zusammen und falten sich ineinander. Gleichzeitig entwickelt sich am hinteren Abschnitt der Saccus vasculosus ein Gefäßkomplex, dessen Funktion noch nicht völlig geklärt ist. Bei Urodelen und Anuren entsteht zusätzlich eine Eminentia mediana, die sich möglicherweise als Teil der Neurohypophyse abgespalten hat (Green u. a. bezeichnen deshalb den verbleibenden Teil als Neurallappen oder Pars nervosa; Neurohypophyse = Eminentia + Pars nervosa). Ein Saccus vasculosus fehlt bei diesen Landwirbeltieren. Erst bei Anuren sind Portalgefäße zwischen Eminentia und Adenohypophyse ausgebildet. Diese Entwicklung, die zu einer Trennung zwischen Eminentia und Pars nervosa führt, setzt sich bei Reptilien fort.

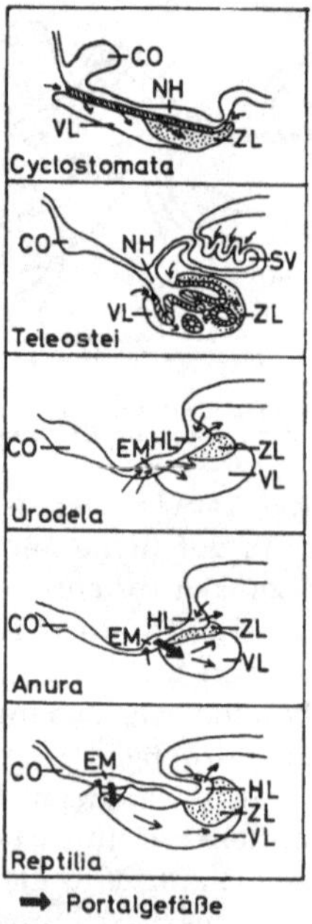

Abb. 12. Neuro- und Adenohypophyse bei niederen Wirbeltieren (n. Green u. a.)
CO — Chiasma opticum, EM — Eminentia mediana, HL — Hinterlappen, NH — Neurohypophyse, SV — Saccus vasculosus, VL — Vorderlappen, ZL — Zwischenlappen

Entwicklungsgeschichtliche (ontogenetische) Untersuchungen von WINGSTRAND legen allerdings eine andere Deutung nahe. Der Saccus der Teleostier entspricht danach dem Infundibulum und gleichzeitig der Pars nervosa der Landwirbeltiere. Die Neurohypophyse der Fische wird dagegen vollständig zur Eminentia höherer Formen.

Bei den primitiven Rundmäulern sind die Zonen sezernierender Neurone nicht in der Weise begrenzt, wie dies für die verschiedenen Nuclei höherer Formen gilt. Neurosekretorische Zellen finden sich von der Region oberhalb der Überkreuzungsstelle der Sehnerven bis zum Mittelhirn hin.

Ein wichtiges Experiment zur Klärung der Verbindung zwischen Hypophyse und Hypothalamus ist die Durchtrennung des Hypophysenstiels. Wenn auf diese Weise die Versorgung der Hypophyse unterbrochen wird, degeneriert der Hinterlappen zunächst vollständig. Er besteht ja vor allem aus den Nervenenden der im Hypothalamus gelegenen Neurone. Histologisch konnte man an solchen Durchtrennungsstellen des Hypophysenstiels feststellen, daß sich „Gomori-positive" Substanzen im proximalen Teil, also dem am Hypothalamus gelegenen Stumpf, ansammeln. Dies ist der Nachweis dafür, daß die Sekrete im Hypothalamus produziert und zur Hypophyse transportiert werden.

Die Regulation der Adenohypophyse läßt sich nach Durchtrennung des Hypophysenstiels, bei der häufig auch die Portalgefäße unterbrochen werden, erkennen. Da eine gesonderte arterielle Blutzufuhr besteht, führt diese Durchtrennung nicht zum gesamten Ausfall der Blutversorgung der Hypophyse. Die Aktivität ändert sich aber deutlich, und einige Teile degenerieren geringfügig. Es fehlen die „releasing"-Faktoren (Stoffe, die für die Funktionsregulierung verantwortlich sind) aus dem Hypothalamus, die die Sekretionsrate der im Vorder- und Zwischenlappen gebildeten Eiweißhormone regulieren. Dabei werden nach Isolation der Hypophyse STH, ACTH, TSH, LH und FSH in geringerem Maße sezerniert, MSH und LT jedoch stärker abgegeben. Hypothalamusstoffe hemmen also die Freisetzung dieser beiden letztgenannten Hormone.

Diese „releasing"-Faktoren werden in abgrenzbaren Regionen des Hypothalamus gebildet. Sie wurden von HARRIS bei Säugetieren lokalisiert, indem er Teile des Hypothalamus zerstörte und in anderen Experimenten solche Bezirke mit Mikroelektroden reizte. Im ersten Fall verhinderte er eine Abgabe der wirksamen Substanzen, im zweiten Fall erhöhte er deren Ausschüttung. Nicht immer sind solche Versuche beweiskräftig. Trotzdem konnten im Hypothalamus die Regionen gefunden werden, denen eine besondere Bedeutung für die Regulation der entsprechenden Vorderlappen-Sekretion zuzuschreiben ist (Abb. 13).

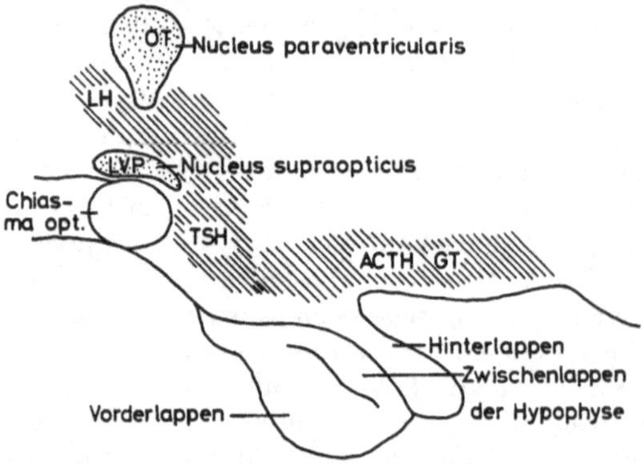

Abb. 13. Hypothalamus der Säugetiere (n. HARRIS)
OT, LH usw. — releasing Zentren für die angegebenen Hypophysenhormone

Die Auslösung der Hormonsekretion im Vorderlappen durch Neurosekrete, die glandotrope Wirkung der Vorderlappenhormone und die darauf folgende Drüsenreaktion im

Organismus bilden einen beispielhaften Funktionskreis und erhalten den Gleichgewichtszustand im Organismus. Zu diesem Funktionskreis gehört, wie in jedem Regelkreis, eine Rückkoppelung (feed-back, Abb. 2). Diese ist dadurch gegeben, daß die Nervenzellen im Hypothalamus empfindlich sind gegen Veränderungen des Hormonspiegels im Blut. Außerdem müssen zur Erhaltung des Gleichgewichts Verschiebungen im Elektrolythaushalt, im Wassergehalt des Körpers, Veränderungen der Stoffwechsellage und anderes wahrgenommen werden. Durch eine entsprechende Reaktion kann das Gleichgewicht wieder eingestellt werden.

Der Hypothalamus seinerseits untersteht wieder übergeordneten Zentren des Zentralnervensystems und kann so auch von Außenreizen, die aus der Umwelt auf den Organismus treffen, beeinflußt werden. Nimmt das Auge oder ein anderes Sinnesorgan Umweltveränderungen wahr, so reagieren darauf — über das Zentralnervensystem vom Hypothalamus kontrolliert — die hormonproduzierenden Drüsen im Organismus. Der Hypothalamus hat somit bei Wirbeltieren eine zentrale Bedeutung für die Anpassung des Organismus an die Umwelt.

Außer diesen drei Kontrollaufgaben (Wahrnehmung des Hormonspiegels im Blut, Registrierung des inneren Milieus im Organismus und Übersetzung von perzipierten Außenreizen in adaequate Drüsenfunktionen) hat der Hypothalamus Bedeutung für die Entwicklung der innersekretorischen Drüsen. Er steuert das Wachstum und den Funktionsbeginn der Drüsen. Die Regulation der Brunstperioden freilebender Wirbeltiere etwa erfolgt durch den Hypothalamus. Bei vielen Wirbeltieren ist das Frühjahr die Zeit der Fortpflanzung. Der Eintritt dieser sexuellen Periode wird durch Ausschüttung von Hypothalamushormonen eingeleitet, was nach Wahrnehmung der günstigen Außensituation vom Hypothalamus ausgelöst wird. Durch Restitutionsprozesse im

Hypothalamus treten im Herbst Refraktärperioden ein. Man kann z. B. bei Vögeln während dieser Refraktärperioden weder mit Hormoninjektionen noch mit anderen Behandlungen Samen- oder Eireifung auslösen. Ist dagegen die Refraktärperiode vorüber — in unseren Breiten meist etwa zu Jahresbeginn — dann genügt ein Hormonstoß oder bereits experimentelle Behandlung mit Langtaglicht (etwa 16 Stdn. Licht — 8 Stdn. Dunkelheit) zur Induktion der Reifungsprozesse.

Hypophysen-Hinterlappen. Das System Hypothalamus-Hypophysenhinterlappen (Pars nervosa) ist funktionell weitgehend unabhängig von den bis jetzt diskutierten Vorderlappen-beeinflussenden Prinzipien. Einige Überschneidungen sind bekannt geworden, z. B. ein „releasing"-Faktor für ACTH, der im Hinterlappen nachgewiesen wurde. Es läßt sich jedoch über die Bedeutung dieser Querverbindungen noch wenig aussagen. Die Hormone, die von der Pars nervosa der Säuger auf Bedarf hin abgegeben werden, sind Oxytocin und Vasopressin.

Mit der chemischen Konstitution von Hinterlappenhormonen beschäftigten sich Arbeiten von du Vigneaud, Acher, Heller, Sawyer u. a. Diese Hormone sind Oktopeptide, d. h. Eiweißkörper, die aus 8 Aminosäuren bestehen. Die chemische Struktur der verschiedenen Oktopeptide ist in Tab. 3 angegeben (die Bezeichnung Oktopeptide — Aminosäuren — ist berechtigt, wenn die beiden Cysteinmoleküle als ein Cystin aufgefaßt werden).

Es konnte gezeigt werden, daß neben den bei Säugern vorkommenden Hormonen, Oxytocin und Vasopressin, im Wirbeltierreich eine ganze Reihe von Oktopeptiden anzutreffen sind. Es läßt sich eine Evolution dieser Hinterlappen-Wirkstoffe bei Wirbeltieren aufzeigen, die auch mit einer phylogenetischen Entwicklung der Funktion verbunden ist.

Tabelle 3: Oktopeptide des Hypothalamo-Hypophysen-Systems

	1	2	3	4	5	6	7	8	9
Arginin-Vasopressin (AVP)	Cys -	Tyr -	Phe -	Glu (NH_2) -	Asp (NH_2) -	Cys -	Pro -	Arg	-Gly (NH_2)
Lysin-Vasopressin (LVP)			Phe -	Glu (NH_2)				Lys	
Histidin-Vasopressin (HVP)			Phe -	Glu (NH_2)				His	
Arginin-Vasotocin (AVT)			Ileu -	Glu (NH_2)				Arg	
Oxypressin (OP)			Phe -	Glu (NH_2)				Leu	
Oxytocin (OT)			Ileu -	Glu (NH_2)				Leu	
Isotocin (teleost oxytocin like principle, TOP)			Ileu -	Ser				Ileu	
Mesotocin (MT)			Ileu -	Glu (NH_2)				Ileu	
Selachier-Prinzip (SOP)			Ileu -	Glu (NH_2)				?	
Glumitocin (GT)			Ileu -	Ser				Glu (NH_2)	

(Erklärung der Abkürzungen der Aminosäuren auf Seite 198)

In Abb. 14 sind das Vorkommen und die Entwicklung dieser Oktopeptide im Tierreich demonstriert. Es ist dies ein interessantes Beispiel für eine Hormonphylogenese. Durch mutative Veränderungen werden bei den verschiedenen Tiergruppen neue Wirkstoffe gebildet. Wahrscheinlich sind hierzu nur wenige Mutationen notwendig.

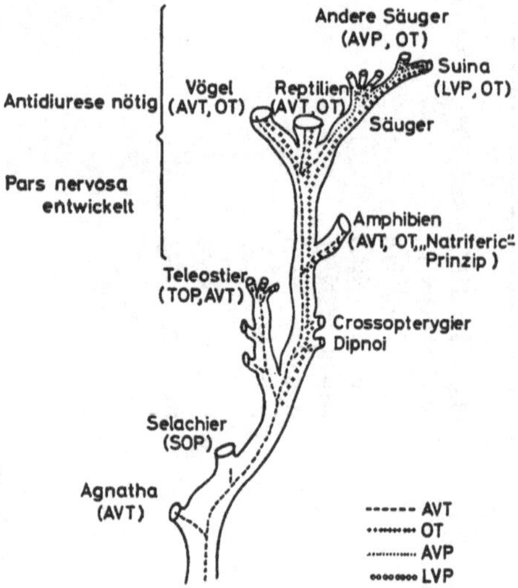

Abb. 14. Stammbaum der verschiedenen Oktopeptide bei Wirbeltieren (zusätzlich kommen Glumitocin bei Haien und Mesotocin bei Amphibien und Reptilien vor)

Im Folgenden sollen Vorkommen und Funktion der Hormone des Hypophysenhinterlappens im Verlauf der Wirbeltierentwicklung aufgezeigt werden. Bei Cyclostomen (Rundmäulern) und Teleostiern (Knochenfischen) ist die Bedeutung der Oktopeptide völlig unklar. Neuere Experimente haben erwiesen, daß bei Aalen durch Injektion von

Neurohypophysenhormonen Diurese, also erhöhte Harnabgabe, erzeugt wird. Dementsprechend kann beobachtet werden, daß sich bei Aalen die Neurosekretmenge im Hypothalamus und Hinterlappen deutlich verringert, wenn Tiere vom Süßwasser in Meerwasser kommen. Ein höherer osmotischer Wert des umgebenden Mediums verändert hier also die Aktivität des Hypothalamo-Hypophysensystems (Abb. 10).

Bei Fröschen erhöht Arginin-Vasotocin von allen Oktopeptiden die Permeabilität der Harnblase am stärksten. Oxytocin ist in diesem Sinne auch noch wirksam. Die eigentliche Bedeutung von Oxytocin bei Fröschen ist jedoch noch unklar. Nicht nur die Permeabilität der Harnblase sondern auch die Wasseraufnahme durch die Haut steigt bei Amphibien nach Injektion von Hinterlappenhormonen an. Dieser Effekt (Brunn-Effekt) ist sehr leicht meßbar, wenn man das Gewicht von Amphibien nach Behandlung mit Hypophysenextrakt kontrolliert. Die Tiere werden deutlich schwerer, wenn sie Wasser zur Verfügung haben. Dieser Vorgang ermöglicht, die Hormonwirkung mit Amphibienhaut oder Blasenwand in vitro zu testen. Nach Injektion von Hinterlappenhormonen wird nicht nur vermehrt Wasser aufgenommen sondern auch Na-Ionen. Den gerichteten Strom dieser Ionen kann man durch elektrische Spannungsänderungen nachweisen, die bei der Wanderung dieser Ladungsträger auftreten oder durch Verfolgen von radioaktivem Natrium ($^{24}Na^{+}$). Bei der Haut erfolgt der Durchtritt von außen nach innen, bei der Blasenwand von der Mucosa (innere Schleimhaut) zur Serosa (Bindegewebshülle), also jeweils zum Körperinneren hin.

Bei Reptilien, Vögeln und Säugern verursachen die Hinterlappenhormone Antidiurese. Der Harn wird konzentrierter und das Wasser, und damit auch bestimmte Ionen, werden dem Körper wieder zugeführt. Die Reaktion, die bei

Fröschen an der Blasenwandung und in gewissem Umfang an der ganzen Körperbedeckung einsetzt, ist bei den höheren Wirbeltieren auf die Nierentubuli begrenzt. Während bei Säugetieren die Vasopressine — auch als Adiuretin bezeichnet — stärker antidiuretisch wirken als AVT ist dies bei Vögeln umgekehrt. Es ist also die jeweils natürlich vorkommende Substanz am wirksamsten. Oxytocin hat in beiden Fällen keine eindeutige Wirkung.

Beim Menschen bezeichnet man die verstärkte Harnproduktion nach Störung der Adiuretinabgabe (z. B. nach Hypophysenstiel-Durchtrennung) als Wasserharnruhr (Diabetes insipidus). Die daran erkrankten Menschen können täglich bis zu 20 l Harn ausscheiden und leiden unter starkem Durst, da sie den Wasserbedarf nicht durch Trinken ersetzen können.

Daneben sind nun bei den verschiedenen Wirbeltiergruppen die Reaktionen des Uterus und die Veränderungen des Blutdrucks wichtig. AVT kontrahiert die glatte Muskulatur des Hühneruterus, beeinflußt aber nur wenig den Säugeruterus. Oxytocin dagegen wirkt stärker auf den Säuger- als auf den Hühneruterus. Bei Reptilien und Vögeln ist AVT am Uterus wirksamer als Oxytocin. Möglicherweise hängt dies mit den besonderen Vorgängen zusammen, die mit dem Ablegen der Eier verbunden sind. Die Stärke der Wirkung ist beim Säuger abhängig vom natürlichen Zustand des Uterus. Während bestimmter Phasen des Oestrus-Zyklus spricht die Muskulatur stärker an. Vorbehandlung der Tiere mit oestrogenen Stoffen (Hormonen der weiblichen Geschlechtsorgane) erhöht die Reaktionsbereitschaft. Die Bedeutung des Oxytocin beim männlichen Säuger ist bisher nicht erkannt worden.

Untersucht man die Blutdruckwirksamkeit dieser Hormone, so ergeben sich wieder interessante Unterschiede zwischen den Reaktionen der Tiergruppen. Bei Säugern steigt der Blutdruck besonders nach Gaben von AVP oder LVP an. Auch AVT wirkt deutlich, jedoch geringer als die Vasopressine. OT ist praktisch wirkungslos. Bei Hühnern dagegen wird der Blutdruck durch Hinterlappenhormone gesenkt. Oxytocin ist dabei am wirkungsvollsten, AVT erzielt auch eindeutige Effekte. Die Vasopressine sind hiermit verglichen wenig wirksam.

Eine Übersicht der verschiedenen Tests und die Wirksamkeit der drei wesentlichsten Substanzgruppen (Vasopressine, Arginin-Vasotocin und Oxytocin) zeigt Tabelle 4, in der auch die Beeinflussung der Milchdrüse beim Säuger aufgenommen ist.

Die Verbindung zwischen chemischer Struktur und Wirksamkeit läßt sich gerade hier recht gut verfolgen. Der unveränderte Oxytocin-Ring (Aminosäuren 1—6) garantiert an der Froschblase eine hohe Wirksamkeit. Eine Veränderung dieser Aminosäurefolge reduziert die Aktivität deutlich, wie es an den Vasopressinen erkennbar wird. Der Einfluß auf die Milchdrüse hängt ebenfalls mit dem Oxytocin-Ring zusammen. Die S-S-Bindung zwischen den beiden Cysteinen ist für eine Reaktion notwendig.

Tabelle 4
Stärke der Reaktionen der wichtigsten Oktopeptide im Wirbeltierorganismus

	AVP, LVP	AVT	OT
Säuger, blutdrucksteigernd	+++	+	0
Vögel, blutdrucksenkend	+	++	+++
Säuger, Milchsekretion	+	++	+++
Säuger, antidiuretisch	+++	+	0
Vögel, antidiuretisch	++	+++	variabel
Säuger, Uteruskontraktion	0	+	+++
Vögel, Uteruskontraktion	++	+++	0
Frosch, Permeabilität der Haut	0	+++	+

Der Wirkungsmechanismus des Hormonmoleküls in der Zelle wird später (Kap. C) diskutiert werden. Aus dieser Besprechung soll jedoch schon klar geworden sein, daß es sowohl auf die Molekülstruktur als auch auf die Konstitution des „Zielorgans" ankommt. Agens (Hormonmolekül) und Reaktor (Zielzelle) sind variabel, besitzen Gruppen- oder sogar Artspezifität und bedingen damit die Eigenheit der Reaktion bei einer bestimmten Organismengruppe.

β) Urophyse

Als Urophyse (Urohypophyse) oder Neurohypophysis spinalis wird bei Fischen ein caudales neurosekretorisches System bezeichnet. Das Rückenmark vieler Knochenfische ist etwa im Bereich des letzten Wirbels zu einem Knoten angeschwollen. Dieser Knoten besteht aus neurosekretorischen Nervenfasern, zahlreichen Gefäßen und Gliazellen. Die Nervenenden enthalten Sekret, das von Nervenzellen im caudalen Teil des Rückenmarks zufließt. Im Gegensatz zum Neurosekret des Hypothalamus färbt sich dies Sekret mit den sauren Farbstoffkomponenten des Gomori-Farbstoffes, d. h. „gomori-negativ" an.

Die Aufgabe des Sekretes war bisher in der Osmoregulation gesehen worden. Änderungen im Salzgehalt der Umgebung der Fische wirken sich auf den Gehalt an Sekret in der Urophyse aus. Außerdem beeinflussen Extrakte der Urophyse den Transport von Na-Ionen durch die Kiemen. Diese stellen für Fische ein wichtiges Organ zur Regulation des Elektrolyt-Haushaltes dar, weil sie NaCl sezernieren. Neuerdings ist berichtet worden, daß Urophysenextrakte den Blutstrom im Nierenpfortader-Kreislauf der Fische verändern. Dadurch könnte die Urophyse ebenfalls die Harnausscheidung kontrollieren. Eingehende Untersuchungen sind noch notwendig, um die Bedeutung dieses interessanten Organs aufzuklären.

c) Hormone innersekretorischer Drüsen

1. Drüsenhormone bei wirbellosen Tieren.

Hormone aus Drüsen, die morphologisch vom Nervensystem unabhängig sind, spielen bei wirbellosen Tieren — soweit bis heute bekannt ist — eine wesentlich geringere Rolle als bei Wirbeltieren. Bei Coelenteraten, Plathelminthen, Nematoden und Anneliden ebenso wie bei Echinodermen u. a. sind noch keine innersekretorischen Drüsen dieser Art gefunden worden. Die Neurosekretion muß bei diesen Gruppen wenig spezialisiert sein und viele Funktionen kontrollieren.

Einen Sonderfall bildet eine Drüse des Tintenfisches Octopus, die in Augennähe liegt. Diese „optische Drüse" setzt einen Stoff frei, der das Gonadenwachstum fördert. Die Steuerung dieser Drüse erfolgt durch Nerven, die von einer bestimmten Region des Gehirns kommen. Sie hemmen bei jugendlichen Tieren die Drüsensekretion. Durchschneidung der Nerven oder auch Verdunklung des Auges hebt die Hemmung auf. Neurosekret ist hierbei wahrscheinlich nicht beteiligt.

Über unabhängige endokrine Drüsen ist vor allem von Krebsen, Spinnen und Insekten zu berichten. Die Carapax-Drüse (Y-Organ) der Crustaceen, die Prothorakaldrüse höherer Insekten (holometaboler Insekten) und die Ventraldrüsen der niederen hemimetabolen Insekten entsprechen sich in ihrer Funktion. Sie entwickeln sich aus dem Ektoderm und produzieren bei Insekten das Häutungshormon Ecdyson, das in Verbindung mit Neurosekreten die Entwicklung steuert und speziell für die Auslösung der Häutung verantwortlich ist. Auch bei Spinnen und Myriopoden sind wahrscheinlich vergleichbare Drüsen vorhanden. Beim Steinläufer, Lithobius forficatus, z. B. liegt in den ersten postcephalen Segmenten ein Häutungszentrum, bestehend aus einem Lymphstranggewebe, auf das das neuroendokrine System einen hemmenden Einfluß hat (JOLY, SCHEFFEL, u. a.).

Die Bedeutung des Häutungshormons für die Entwicklung der Krebse und Insekten, die Regulation der Häutungsdrüse durch Neurosekrete und das Wechselspiel zwischen Ecdyson und Juvenilhormon wurden bereits besprochen (Kap. B, II, b, 2). Hier soll der Wirkungsmechanismus noch einmal genauer diskutiert werden.

Ecdyson. Der zellulare Wirkungsmechanismus des Ecdyson wird aus Beobachtungen deutlich, die von CLEVER und KARLSON an den Riesenchromosomen im Zellkern von Speicheldrüsen der Fliegen gemacht wurden. Chromosomen sind der Ort, an dem die Gene, die Träger der Erbmerkmale — die auch die Eiweißsynthese in den Zellen steuern — lokalisiert sind. Die Struktur der Riesenchromosomen, d. h. die Anordnung der Querscheiben, läßt sich im Lichtmikroskop gut erkennen. Nach Ecdysoninjektionen treten charakteristische Veränderungen an diesen Chromosomen auf. Es werden an bestimmten Stellen „puffs" gebildet, Bezirke, an denen die Bänderung stark aufgelockert wird. Diese „puffs" konnten als Orte höchster Aktivität (RNS-Synthese) identifiziert werden. Daraus kann geschlossen werden, daß Ecdyson bestimmte Genkomplexe aktiviert. Hiermit ist also für Ecdyson eine Wirkung nachgewiesen, die sehr nahe am Anfang der Reaktionskette liegt. Die Befunde von KARLSON und CLEVER haben daher besondere Wichtigkeit.

Bei Larven der Schmeißfliege Calliphora verdunkelt und härtet sich die Cuticula bei Bildung der Puppe (Pupariumbildung). Ecdyson ruft diese Veränderung hervor. Vorwiegend ist der Phenolstoffwechsel an der Bildung der Proteine der Puppen-Cuticula beteiligt. Dabei wird die Aminosäure Tyrosin unter Mitwirkung verschiedener Fermente wie Phenoloxydase, DOPA-Decarboxylase u. a. vermehrt in die

Cuticula eingebaut. Die gebildeten Oxydationsprodukte reagieren mit cuticularen Proteinen, wodurch die Haut sklerotisiert wird. Untersuchungen von KARLSON, SEKERIS u. a. haben bewiesen, daß Ecdyson hierbei in den Hautzellen die Bildung eines Eiweißfermentes, der DOPA-Decarboxylase, anregt. Der Wirkungsmechanismus dieses Hormons beruht also auf der Anregung zur Bildung eines besonderen Fermentes (Eiweißes) in den Zellen.

Vom Ecdyson ist die chemische Strukturformel bekannt (Abb. 15). Es wurde bereits 1954 von BUTENANDT und KARLSON aus Seidenspinner-Puppen isoliert. Es hat die Summenformel $C_{18}H_{30}O_4$ und gehört zur Gruppe der Steroide. Das Häutungshormon der Crustaceen ist wohl chemisch nahe mit Ecdyson verwandt.

Als Testeinheit wird beim Ecdyson die Menge bezeichnet, die 24—30 Stdn. nach der Injektion bei Larven der Schmeißfliege Calliphora Braunfärbung und Sklerotisierung hervorruft. Die Reaktionsbereitschaft der Epidermis ist allerdings vom Alter abhängig, so daß das Larvenstadium der Versuchstiere berücksichtigt werden muß. Eine Einheit beträgt etwa $7{,}5 \cdot 10^{-3}\,\gamma$ kristallisiertes Ecdyson. Das Ecdyson der Insekten wirkt auch bei Crustaceen, wodurch die Verwandtschaft der Reaktion unterstrichen wird.

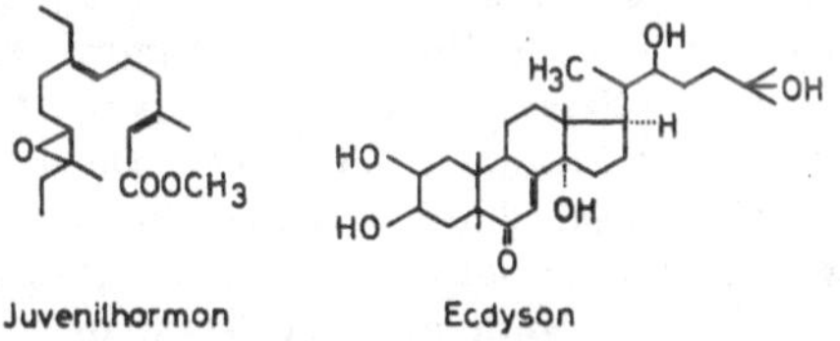

Abb. 15. Chemische Struktur von Juvenil- und Häutungshormon

Juvenilhormon (Neotenin). Bisher gibt es keine klare Vorstellung darüber, wie Juvenilhormon in den Wirkungsmechanismus des Ecdyson eingreift. Es bestimmt — wie wir gesehen haben — den Charakter der Veränderungen der Epithelzellen bei der Häutung. Williams sieht in ihm eine Hemmsubstanz, die in Verbindung mit Ecdyson bestimmte Veränderungen nicht eintreten läßt. Sicherlich ist aber kein einfacher Antagonismus zum Ecdyson für eine Erklärung der Wirkung des Juvenilhormons ausreichend.

Der chemischen Struktur des Juvenilhormons kam man näher, als man entdeckte, daß eine Reihe von Naturstoffen, Terpenoide, ähnliche Effekte bei Insekten erzielen konnten. Solche Stoffe finden sich in verschiedenen Pflanzen, vor allem Bäumen. Es ist inzwischen bekannt, daß das echte Juvenilhormon den Methylester einer Fettsäure mit 17 C-Atomen darstellt (Abb. 15). Es wurde aus Seidenspinner-Raupen isoliert. Ungeklärt ist die Frage, ob das Juvenilhormon aller Insekten chemisch gleich ist.

Vom Juvenilhormon sind eine Reihe weiterer interessanter Wirkungen bekannt geworden. So verhindert es die Entwicklung von Insekteneiern, wenn es mit ihnen in Kontakt kommt. Diese Beobachtung verspricht ein wichtiger Faktor für die Bekämpfung von Insekten zu werden, weil die Terpenoide auch eine ähnliche letale Wirkung auf Eiern wie das Juvenilhormon haben. Durch Zufall wurde entdeckt, daß europäische Feuerwanzen (Pyrrhocoris apterus) in der Entwicklung durch einen Wirkstoff gehemmt werden, der im amerikanischen Papier vorhanden ist (paper-factor, Williams) und aus der Balsam-Fichte stammt. Der Faktor wirkt besonders auf Wanzen dieser Gruppe. Und wahrscheinlich stellt dies einen Schutz der Bäume vor Wanzen dar. Wenn es gelingt, natürlich vorkommende Terpene zu isolieren, die nur bei bestimmten Insektengruppen letal wirken und nicht alle Insekten vernichten, wären wichtige Insektenvernichtungsmittel gefunden.

Während die Prothoraxdrüse (Bildungsort des Ecdyson) bei adulten Insekten zurückgebildet wird, sind die Corpora allata (Juvenilhormon) auch bei der Insekten-Imago funktionstüchtig. Sie sezernieren dann gonadotrope Wirkstoffe, die vor allem Eireife und Eiablage steuern. Auch die Ausbildung akzessorischer Geschlechtsorgane wird von den Corpora allata beeinflußt. Möglicherweise sind diese Kontrollfaktoren mit Neotenin identisch. Während der Larvalentwicklung nimmt also die Sekretionsrate der Corpora allmählich ab, so daß es zur Puppenhäutung kommt. Anschließend produzieren die Organe wieder stärker.

Die Bedeutung von Drüsen, die vom Mesoderm abstammen, ist vergleichsweise gering. Bei höheren Krebsen, zunächst bei Amphipoden (CHARNIAUX-COTTON u. a.) später auch bei anderen Gruppen, wurde bei männlichen Tieren eine Drüse am Vas deferens nachgewiesen und androgene Drüse genannt. Die Hoden und sekundären Geschlechtsmerkmale bleiben nur in Gegenwart androgener Drüsen funktionstüchtig und morphologisch völlig ausgebildet. Sie selbst haben wohl keine endokrine Funktion. Bei Asseln treten nach Implantation des Hodens in Weibchen Veränderungen der sekundären Geschlechtsmerkmale auf; die Tiere werden vermännlicht (DE LATTIN u. a.). Hier ist noch ungeklärt, ob die Hoden selbst oder die androgene Drüse dafür verantwortlich sind. Im weiblichen Geschlecht degeneriert diese Drüse. Implantation der männlichen Drüse in weibliche Tiere führt zur Geschlechtsumkehr. Im Gegensatz zum Hoden dürften jedoch die Ovarien Wirkstoffe sezernieren. Die Ausbildung sekundärer Geschlechtsmerkmale des Weibchens, z. B. des Brutraumes, der Oostegite usw., ist unterschiedlich stark von der Anwesenheit des Ovars abhängig.

Der androgenen Drüse bei Crustaceen entspricht bei Insekten ein Gewebe, das an der Hodenspitze liegt. Es wurde beim Leuchtkäfer, Lampyris noctiluca, nachgewiesen. Hodenverpflanzung zusammen mit diesem Gewebe ruft in weiblichen Larven Geschlechtsumkehr hervor. Die Entwicklung dieses Gewebes wird durch Sekrete von Nervenzellen der Pars intercerebralis des Gehirns gesteuert. Die adulten Tiere besitzen einen sehr ausgeprägten Geschlechtsdimorphismus: Die Weibchen sind flügellos, während die Männchen flugtüchtig sind. Der Häutungsrhythmus des Weibchens enthält ein zusätzliches Larvenstadium. Diese Unterschiede sind wohl auf Einwirkung der androgenen Hormone zurückzuführen. Bisher ist keinerlei hormonaler Einfluß auf die Ausbildung der weiblichen Geschlechtsorgane nachgewiesen (Nace).

2. Drüsenhormone bei Wirbeltieren

α) Adenohypophyse

Allgemeines, vergleichende Anatomie und Entwicklung

Die Hypophyse oder Hirnanhangdrüse nimmt eine zentrale Stellung bei der hormonalen Regulation des Wirbeltierorganismus ein. Besonders der Vorderlappen ist weiteren Hormondrüsen hierarchisch übergeordnet. Er sezerniert Hormone, die die Sekretion untergeordneter Drüsen anregen. Man nennt diese Hormone allgemein glandotrop und bezeichnet sie im einzelnen mit dem Namen der Drüse und dem Zusatz -trop (= ausgerichtet, z. B. thyreotrop usw.). Zusätzlich wird noch somatotropes Hormon gebildet.

Hinweise auf die Bedeutung der Adenohypophyse ergaben sich zunächst aus der Tatsache, daß ihre operative Entfernung in vielen Fällen zum Tode führte. Durch die Weiterentwicklung der Technik gelang es schließlich immer besser, Tiere nach Entfernung der Hypophyse am Leben zu halten. Es konnten dann die Ausfallserscheinungen, die nach dieser Operation auftraten, studiert werden. Besonders die geglückte Hypophysektomie (Entfernung der Hypophyse) bei Kaulquappen (Froschlarven) von ALLEN und SMITH führte zur Feststellung, daß in der Adenohypophyse eine Reihe von Hormonen produziert werden müssen, da innersekretorische Drüsen wie Schilddrüse, Nebennierenrinde und Gonaden danach in ihrer Entwicklung und Funktion gehemmt werden. Implantationen von Hypophysen nach vorheriger Exstirpation der körpereigenen bewiesen, daß für diese Effekte stoffliche Faktoren verantwortlich sind, die zumindest eine Zeitlang auch von dem Transplantat abgegeben werden. Diese Versuche erbrachten ferner Hinweise für eine allgemeine Wachstums- und Entwicklungsförderung durch die Hypophyse. Auch das Pigment der Farbzellen (Melanophoren) der Frösche wird durch die Hypophysenhormone zur Dispersion gebracht.

Die Lage der Hypophyse auf der Unterseite des Gehirns und die Verbindung zum Zwischenhirn über den Hypophysenstiel (Infundibulum) wurden bereits in Kap. B, II, b beschrieben. Die Hirnanhangsdrüse entsteht aus dem Ektoderm, wird jedoch aus zwei Teilen gebildet, die entwicklungsgeschichtlich verschieden sind. Ein Teil, die Adenohypophyse, stammt vom Epithel des Munddachs ab und wandert bei höheren Formen als Einstülpung (Rathkesche Tasche) zum Gehirn. (Bei niederen Wirbeltieren ist dies ein solider Gewebestrang.) Die Adenohypophyse läßt sich unterteilen in einen Vorderlappen (Pars distalis), einen Zwischenlappen (Pars intermedia) und einen Trichterlappen (Pars tuberalis). An der Kontaktstelle zum Infundibulum bildet sich die Pars tuberalis, zum Hinterlappen die Pars intermedia aus. Zwischenlappen und Trichterlappen sind nicht bei allen Wirbeltieren vorhanden. Ein zweiter Teil der Hypophyse, die Neurohypophyse, entwickelt sich vom Gehirn her. Unter Neurohypophyse ist nach dem früher Besprochenen sowohl die Eminentia mediana (Kontaktfläche zum Zwischenhirn) als auch der Hinterlappen (Pars nervosa) zu verstehen.

Die Entwicklung der Hypophyse im Chordatenreich ist ein viel diskutiertes Problem. Einige Aspekte sind in Abb. 12 und 16 dargestellt. Bei den Manteltieren (Tunikaten) wurde bei einigen adulten Formen eine „Neuraldrüse" beschrieben. Sie liegt unmittelbar vor dem Eingang in den Kiemendarm. Die Lage läßt eine Homologie vermuten, jedoch ist dies zur Zeit noch sehr hypothetisch. Bei den schädellosen primitiven Chordaten, wie Amphioxus, findet sich am Boden des Neuralrohres eine kleine Grube, die vielleicht der Hypophyse vergleichbar ist.

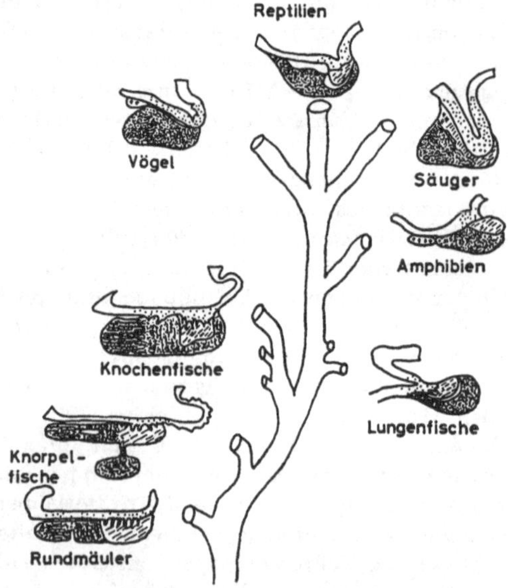

Abb. 16. Phylogenetische Entwicklung der morphologischen Struktur der Hypophyse bei Wirbeltieren (n. GORBMAN u. BERN)

Die Anordnung der einzelnen Bezirke der Hypophyse bei den verschiedenen Wirbeltierklassen ist sehr unterschiedlich. Bei Neunaugen, Haien und Knochenfischen läßt sich im Vorderlappen (Abb. 16) eine Zonierung feststellen. Folgende Namen sind für die drei Teile der Adenohypophyse dieser Tiergruppen üblich:

Pars intermedia	= Zwischenlappen	= Meta-Adenohypophyse
Pars distalis, proximale Zone	= Übergangsteil	= Meso-Adenohypophyse
Pars distalis, rostrale Zone	= Hauptlappen	= Pro-Adenohypophyse

Diese besondere Zonierung geht bei den Landwirbeltieren verloren. Dagegen ist die Pars tuberalis deutlicher ausgebildet als bei Fischen. Ihre Funktion im Normalfall ist weitgehend ungeklärt. Im Falle einer operativen Entfernung oder Verletzung der Hypophyse können vom Trichterlappen Regenerationen erfolgen. Bei einigen Amphibien liegt dieser Teil deutlich vom Vorderlappen getrennt. Eine Besonderheit bei Vögeln ist die Reduktion des Zwischenlappens. Auch bei einigen Säugern (z. B. größeren wasserlebenden Säugetieren) fehlt die Pars intermedia, bei anderen verschwindet sie im adulten Zustand allmählich.

Vorderlappen. Sekretionsprodukte, Histologie und Cytologie

In den Zellen des Vorderlappens werden die reinen Eiweißhormone ACTH, STH und LT, sowie die aus Kohlenhydraten und Eiweiß (Glykoproteiden) bestehenden TSH, FSH und LH gebildet. Früher wurden noch eine Reihe weiterer Wirkfaktoren im Vorderlappen vermutet. Es hat sich jedoch für fast alle dieser Faktoren (z. B. diabetogener Faktor, lipotroper Faktor, usw.) herausgestellt, daß es sich dabei nur um Nebenwirkungen eines der bereits genannten Hormone handelt.

All diese Hormone werden in unterschiedlichen Zellen der Adenohypophyse gebildet, die sich auf Grund ihrer chemischen Eigenschaften färberisch differenzieren und darstellen lassen. In fast allen Gruppen erkennt man eine gewisse Vielfalt an Zelltypen. Färbt man die Hypophyse in einem komplexen Färbegang (z. B. Azanfärbung oder Färbung nach Cleveland-Wolfe), so kann man Zellen unterscheiden, die sich vorwiegend mit den basischen Farbstoffen (basophile Zellen) und solche, die sich mit sauren Farbstoffen (acidophile Zellen) eines Farbstoffgemisches anfärben lassen. Es gilt als sicher, daß in den acidophilen Zellen vor allem die reinen Eiweißkörper und in den basophilen die Glykoproteid-Hormone gebildet werden. Im einzelnen lassen sich zwei bis drei basophile Zelltypen und auch Unterschiede zwischen den acidophilen Zellen erkennen.

Die Zuordnung bestimmter Hormone zu Zelltypen beruht auf der Anwendung verschiedener Methoden:

1. Die Ausarbeitung konstanter Färbeverfahren nach definierter Fixierung, die immer reproduzierbare Ergebnisse liefern (Histologische Methoden nach M. Herlant u. a.).

2. Exstirpation der Zielorgane (Schilddrüse, Nebenniere, Gonaden) und histologische Untersuchung der Zelltypen auf signifikante Veränderungen (Hypertrophie der Zelltypen, die das glandotrope Hormon produzieren).

3. Korrelation von Aktivitätsrhythmen im Zielorgan und in den produzierenden Zellen (z. B. zu bestimmten Jahreszeiten oder beim Beginn der Organaktivität überhaupt).

4. Ausarbeitung spezifischer Färbeverfahren, die nur einzelne Zelltypen herausfärben (Bleihämatoxylin-Methode für ACTH-Zellen bei bestimmten Fischen).

Mit diesen Methoden wurde an der Hypophyse des Aales die Zellverteilung in einer Fülle von Experimenten analysiert (OLIVEREAU, Abb. 17). Die Schwierigkeiten einer solchen Analyse machen einzelne Deutungen immer noch zweifelhaft.

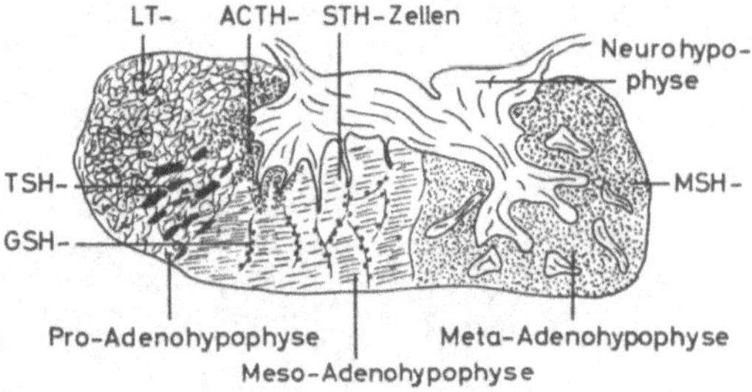

Abb. 17. Anordnung der Zelltypen in der Hypophyse des Aals (n. OLIVEREAU u. a.)

Die Lokalisation der TSH-Zellen bei Froschkaulquappen kann durch Aufzucht der Tiere in Thyroxin-Lösung analysiert werden. Dieses Experiment (Arbeiten von ETKIN u. a.) erlaubt klare Einblicke in den Regelkreis Hypothalamus — thyreotrope Hypophysenzellen — Schilddrüse. In Thyroxinlösung entwickeln sich die Tiere schneller, bleiben aber kleiner als bei Aufzucht in normalem Wasser. Untersucht man Schilddrüse und Hypophyse von behandelten und unbehandelten Tieren gleichen Entwicklungsstadiums so erkennt man, daß die Schilddrüse bei den behandelten Tieren viel kleiner und inaktiver ist. Die Hypophyse weist wesentlich weniger thyreotrope Zellen auf. Diese sind durch ihre starke Anfärbung mit Aldehydfuchsin leicht zu erkennen (Abb. 18). Es wird hieraus deutlich, daß das exogene Thyroxin in das zwischen Schilddrüse und Hypophyse bestehende Regelsystem eingreift. Der Hypophyse wird ein hoher Spiegel an körpereigenem Schilddrüsenhormon — das im Falle der Kaulquappen keineswegs mit Thyroxin identisch sein muß — vorgetäuscht und dadurch deren Aktivität und Entwicklung heruntergesetzt.

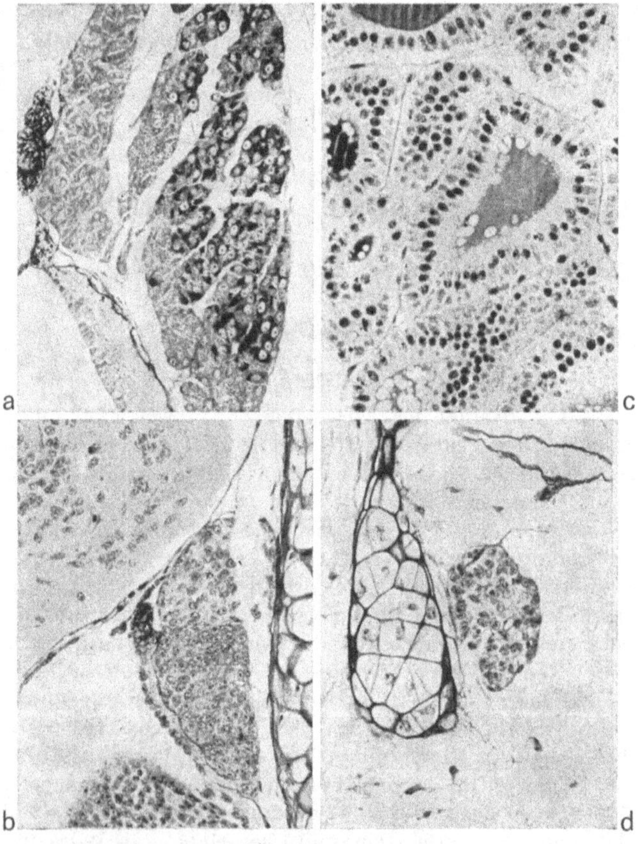

Abb. 18. Adenohypophyse (a, b) und Schilddrüse (c, d) bei Xenopus-Larven (Stad. 56). Starke Hemmung der Hypophyse, Fehlen der dunkelgefärbten TSH-Zellen und Unterentwicklung der Schilddrüse nach Behandlung mit Thyroxin (b, d). Normaltiere (a, c) besitzen in diesem Stadium bereits eine follikelreiche Schilddrüse. Die Adenohypophyse besteht zum größten Teil aus TSH-Zellen.

Hemmt man die Schilddrüse dagegen durch Pharmaka, die man dem Wasser zusetzt (z. B. Methylthiouracil), so erzielt man eine Hyperaktivität der thyreotropen Zellen. Da kein Hormon vorhanden ist fehlt die hemmende Rückmeldung zu Hypophyse und Hypothalamus, so daß vom Hypothalamus eine Dauerstimulation ausgeht.

Elektronenmikroskopische Untersuchungen der einzelnen Zelltypen der Hypophyse unter Berücksichtigung besonderer physiologischer Situationen (z. B. nach Entfernung von Gonaden, Nebenniere oder Schilddrüse) stehen bisher noch in den Anfängen (Farquhar und Rinehart).

Chemie der Vorderlappenhormone

Die Aufklärung der chemischen Struktur der Vorderlappenhormone hat mit der Entwicklung der Proteinchemie bedeutende Fortschritte gemacht. Hierbei ist erschwerend, daß bei diesen Eiweißhormonen artspezifische Unterschiede im chemischen Aufbau zu erwarten sind. Dies hat besonders für die therapeutische Anwendung entscheidende Konsequenzen: Ein Hormon, das etwa aus Rinderhypophysen isoliert wird, muß bei anderen Arten nicht ebenso wirksam sein. In der Regel ist die Wirksamkeit abgestuft: Es ist recht effektiv bei nahe verwandten Arten (z. B. Schafen), verliert aber an Wirksamkeit, wenn es bei entfernt verwandten Tieren injiziert wird. Außerdem bildet ein Organismus nach Injektion von Eiweißhormonen Antikörper gegen das artfremde Eiweiß. Damit verliert das Hormon sehr schnell seine Aktivität.

Die chemische Struktur ist nur von einigen wenigen Säugerhormonen bekannt. ACTH von Rindern, Schafen oder Schweinen besteht aus einer Kette von 39 Aminosäuren; zwischen den drei Arten gibt es kleinere Unterschiede in der Aminosäureanordnung. Die Aminosäure Serin kann durch die Aminosäure Leucin ersetzt werden. Sehr interessant ist, daß eine synthetische Kette von etwa 24 Aminosäuren bereits ACTH-Wirksamkeit entfaltet. Rinder-STH besteht wahrscheinlich aus 416 Aminosäuren. Von diesen können etwa der vierte Teil abgebaut werden, ohne daß die Wirksamkeit nachläßt. Das Molekulargewicht des STH vom Affen und vom Menschen ist wesentlich kleiner als das vom Rind, so daß es aus weniger Aminosäuren bestehen muß. Gerade STH besitzt eine auffallend hohe Artspezifität. Rinder-STH ist z. B. beim Menschen kaum wirksam. Zur klinischen Therapie muß deshalb STH aus menschlichen Hypophysen extrahiert werden. Dies ist natürlich nur schwer zu verwirklichen.

Prolactin ist ein Protein mit einem Molekulargewicht von etwa 25000. Die quantitative Zusammensetzung aus Aminosäuren ist aufgeklärt. Die chemische Struktur der Glykoproteide TSH, FSH und LH ist noch nicht sehr genau bekannt, obwohl die Hormone zum Teil schon gut gereinigt aus Säuger-Hypophysen vorliegen. TSH hat von diesen Glykoproteiden das kleinste Molekül.

Der Nachweis kleiner Mengen Vorderlappenhormone ist mit immunologischer Technik möglich. Im Prinzip werden hierbei Kaninchen oder Meerschweinchen mit bestimmten käuflichen Hormonen immunisiert. Die gebildeten Antikörper lassen sich isolieren. Liegt ein solcher Antikörper erst vor, so kann man mit seiner Hilfe aus Extrakten oder Serum die unbekannten Mengen von Hormon (Antigen) bestimmen. An Techniken werden bevorzugt Immunelektrophorese und radiale Immundiffusion verwendet.

Biologische Wirkung der Vorderlappenhormone

In diesem Abschnitt soll die Wirkung der Vorderlappenhormone auf die Zielorgane, die Frage nach der Variabilität ihrer Sekretion und ihre biologische Nachweisbarkeit (Bioassay) besprochen werden.

Injektionen von ACTH bewirken bei allen Tiergruppen eine verstärkte Abgabe von Corticosteroiden in das Blut. Säuger-ACTH ist dabei — soweit bisher untersucht — bei allen Tiergruppen recht wirksam. Nach der Injektion von ACTH erreicht die Abgabe von Steroiden aus den Zellen der Nebennierenrinde sehr schnell ein Maximum (bei Säugern in 5—10 Min.), so daß es sich nur um Sekretion gespeicherter Hormone handeln kann. Durch anhaltende Behandlung mit ACTH wird dann auch die Synthese der Hormone gesteigert. ACTH stimuliert beim Menschen, Meerschweinchen, Hund und Fischen vor allem die Cortisol-Sekretion. Bei Ratte, Maus und Kaninchen wird besonders die Abgabe von Corticosteron angeregt. Bei Fröschen ist wohl Aldosteron das Hormon, dessen Abgabe durch ACTH reguliert wird. Längere ACTH-Behandlung führt zur Proliferation der Nebennierenrinde. Cytologische Veränderungen, wie Kern- und Vakuolenvergrößerung, sind besonders auffallend bei kaltblütigen Wirbeltieren.

Wie ACTH die Syntheserate der Corticosteroide erhöht und die Abgabe vorliegender Hormone steigert, ist noch ungeklärt. Es liegen hierzu jedoch eine Reihe von Theorien vor. Vermehrung von Mitochondrien, Veränderung der Struktur derselben und des endoplasmatischen Retikulums beweisen einen verstärkten Aufbau des Syntheseapparates in der Zelle. Erhöhter Austausch zwischen verschiedenen Raumsystemen durch Motilität der cytoplasmatischen Strukturen in der Zelle soll Kofermente verlagern und damit Enzyme aktivieren. ACTH fördert auch den Abbau von Nährstoffen (z. B. Glykogen) und stellt damit die Energie für erhöhte Synthesen bereit. Es ist sehr wahrscheinlich, daß verschiedene dieser Mechanismen ineinandergreifen.

Sowohl die Nebennieren als auch die ACTH-Zellen der Hypophyse produzieren immer eine geringe Menge Hormon, wobei diese basale Hormonmenge bei der Nebenniere unabhängig vom ACTH sein dürfte. Äußere Einflüsse können das System sehr stark anregen. Von SELYE stammt das zunächst für Säuger gültige Konzept des „stress". Wird der Organismus einem starken äußeren Reiz, einem Stressor, ausgesetzt, der ihn in eine Notsituation bringt, so aktiviert der Organismus die Nebennierensekretion durch vermehrte ACTH-Ausschüttung. Im Hypothalamus werden durch den Stressor die Zentren nervös angeregt, die ACTH-releasing-Faktoren produzieren. Der Reaktionsverlauf auf einen „stress" hin (Allgemeines Adaptationssyndrom) wird in Kap. B, II, c, 2, δ beschrieben.

Der biologische Nachweis und die Standardisierung von ACTH beruhen auf der Ausschüttung der Nebennierenrindenhormone. Man mißt hierzu die Corticosteroidmenge hypophysektomierter Ratten im Blut — sie steigt nach ACTH an — oder man erfaßt Wirkungen, die diese Corticosteroide hervorrufen. Beim Säuger vermindern Corticosteroide die Anzahl der eosinophilen weißen Blutkörperchen (Thorn-Test) und bewirken einen Anstieg des Blutzuckers (Steroiddiabetes). Diese Veränderungen sind leicht zählbar oder meßbar und als Standard zu gebrauchen. Ein wichtiger und recht eindeutiger Effekt des ACTH ist die Verminderung von Ascorbinsäure (Vitamin C) in der Nebenniere. Diese wird wohl bei der Synthese der Hormone verbraucht. Die internationale Einheit von ACTH ist durch die Ascorbinsäure-Abnahme in der Nebenniere hypophysektomierter Ratten festgelegt. Da ACTH das Nebennierengewebe vermehrt, gibt bereits einfaches Wiegen der Nebenniere Rückschlüsse auf die ACTH-Wirkung.

STH regt das Wachstum des ganzen Körpers und aller Organe desselben gleichmäßig an. Dies Hormon arbeitet während der Entwicklung eines Organismus mit anderen Hormonen — z. B. Thyroxin, das die Differenzierung fördert — zusammen. Ein eigentliches Zielorgan existiert also für STH nicht. Es wurde vermutet, daß neben der allgemeinen Wirkung ein besonderer Effekt des STH auf die α-Zellen des Inselsystems der Bauchspeicheldrüse besteht. Die α-Zellen sollen durch das Hormon angeregt werden, Glucagon — ein Eiweißhormon, das Kohlenhydrate mobilisiert und diabetogen wirkt — abzugeben.

In Verbindung mit Wachstumsvorgängen wird durch STH ein weites Spektrum von Stoffwechselprozessen verändert. Die Synthese von Plasmaproteinen wird gesteigert und dadurch die Aktivität einiger Fermente verändert. Der Organismus scheidet dann weniger Stickstoff aus und der Fettgehalt der Organe reduziert sich dabei. Im Blut vermehrt sich der Gehalt an freien Fettsäuren.

Ein Angriffspunkt des STH ist u. a. der Epiphysenknorpel (knorpelige Zone an Knochenenden) der Gliedmaßen. Bei hypophysektomierten Ratten ist die Ausdehnung dieser Epiphysenfuge, die sich nach STH vergrößert, ein wichtiges Maß für die STH-Wirkung und wird zur Standardisierung des STH herangezogen. Auch die Gewichtszunahme hypophysektomierter Ratten (Wachstumstest) ist hierzu verwendbar. Als eine Einheit wird die Menge definiert, die 10 Tage hintereinander injiziert, bei 20—30 Tage alten, hypophysektomierten Ratten unter Standardbedingungen das Gewicht um 10 g erhöht.

Beim Menschen sind Entwicklungsstörungen bekannt, die bei Unterfunktion der Hypophyse zum „hypophysären" Zwergwuchs oder bei erhöhter Produktion zum Riesenwuchs führen. Überfunktion beim erwachsenen Menschen wird im Krankheitsbild der Akromegalie (Spitzenwuchs; acros — spitz, megas — groß) deutlich. Der Kopf wird dabei unproportioniert breit und hoch. Die Proportionen der Extremitäten werden ebenfalls verschoben.

Therapeutische Erfolge beim Menschen sind vergleichsweise gering, wenn auch in einigen Fällen Wachstumsanomalien ausgeglichen werden konnten. Auf Grund der hohen Artspezifität des Hormons gibt es wenig physiologische Befunde in anderen Tiergruppen.

Bei Kaulquappen ist die STH-Wirkung der erste nachweisbare Einfluß, der von der Hypophyse ausgeht. Die Hypophyse übt bereits kurz nach Erreichen ihrer natürlichen Lage Wachstumseffekte aus. Nach Hypophysektomie kommt es zum Stillstand von Wachstum und Entwicklung. Dies beruht jedoch nicht nur auf dem Fehlen von STH, sondern auch auf dem von TSH und anderen. Es ist noch ungeklärt, wie die Stimulation der Eiweißsynthese durch das Hormonmolekül erfolgt. Wenig bekannt ist bisher auch der Sekretionsmechanismus des STH. Eine Kontrolle der Sekretion durch den Hypothalamus ist wahrscheinlich, aber auch schon angezweifelt worden.

Durch TSH (das thyreotrope Hormon) kommt es zur Steigerung der Schilddrüsenaktivität. Schilddrüsenhormone sind relativ einfache jodhaltige Abkömmlinge der Aminosäure Tyrosin. Die Untersuchung der Jodverteilung hat nun ergeben, daß TSH sowohl die Aufnahme und Speicherung des Jods als auch die Hormonsynthese und -sekretion erhöht. In Verbindung hiermit stehen histologische Veränderungen der Schilddrüse, deren Verfolgung eine Aussage über den physiologischen Status erlauben (Histophysiologie der Schilddrüse: Hohes Follikelepithel, kleiner Kolloidraum, Randvakuolen im Kolloid, geringe Färbbarkeit des Kolloides bedeuten hohe Aktivität). Der Wirkungsmechanismus des TSH in der Schilddrüsenzelle ist wenig geklärt. Durch einen unbekannten Primärmechanismus wird die Proteinsynthese angeregt und der hierzu notwendige Apparat aufgebaut. Es kommt zur verstärkten Bildung bestimmter Enzyme, Struktureiweiße und zur Aktivierung eines Pump-Mechanismus für Jod.

Die biologischen Tests und die Standardisierung des Hormons beruhen auf den histologischen Veränderungen und Gewichtsreaktionen der Schilddrüse oder den Schwankungen des Jodgehaltes derselben. Als Testobjekte werden Meerschweinchen oder Hühnchen verwendet. Abb. 17 zeigt extreme Schilddrüsenunterschiede bei Kaulquappen. Auch die durch Schilddrüsenhormone verursachte Erhöhung des Grundumsatzes kann zum Nachweis von TSH verwendet werden.

Die TSH-Sekretion wird ebenfalls vom Hypothalamus reguliert. Er nimmt den Thyroxinspiegel und vielleicht auch Änderungen im Gehalt bestimmter Metabolite wahr und steuert danach die TSH-Sekretion. Möglicherweise sprechen die Hypophysenzellen selbst auch auf Parameter wie Thyroxin und Metabolite an und verändern damit ihre Syntheserate.

Dieser Regulationsmechanismus wirft eine Reihe von Problemen auf. Für verschiedene Tiergruppen ist nachgewiesen, daß der Thyroxinspiegel des Blutes während verschiedener Lebenssituationen unterschiedlich ist. Bei Kaulquappen steigt der Thyroxinbedarf allmählich bis zur Metamorphose. Auch Anpassung von Fischen (z. B. Stichling, Lachse) an unterschiedlichen Salzgehalt der Umgebung zieht Änderungen im Thyroxinspiegel nach sich. Soll ein solches System funktionieren, muß die Empfindlichkeit des Kontrollsystems variabel sein.

Die Empfindlichkeit des Hypothalamus wird vom Zentralnervensystem an die Bedingungen des Organismus angepaßt und steuert dann die TSH-Sekretion.

Eine Überfunktion des TSH-Schilddrüsensystems äußert sich unter anderem in Veränderungen der Augenhöhle, die zum Hervortreten der Augäpfel (Glotzaugen bei Basedowscher Krankheit) führen. Möglicherweise ist diese Erscheinung des Exophthalmus ein Nebeneffekt des TSH oder die

Wirkung eines selbständigen Hormons (EPS — exophthalmus-producing substance).

Die gonadotropen Hormone FSH, LH und LT regen die Keimzellenentwicklung an, verursachen die Abgabe der Geschlechtshormone durch die Gonaden und regulieren den Verlauf der Geschlechtsvorgänge bei der Befruchtung. Ferner sichern sie das Austragen und Säugen der Jungen bei Mammaliern.

Die Sexualvorgänge der Wirbeltiere sind dazu noch stark abhängig von äußeren Reizen wie Licht, Temperatur, Geruchs- und mechanischen Sinneseindrücken. Mit dem eigentlichen Fortpflanzungsprozeß sind auch spezifische Verhaltensweisen verbunden, Sexualkämpfe, Nestbau, Brutpflege, Kampfverhalten zur Verteidigung der Jungen usw. Um die verschiedenen Vorgänge (Geschlechtsreife, jahreszyklische Sexualperiode, Laktation, Gravidität, Menstruationszyklus usw.) aufeinander abzustimmen, wird dies komplizierte Wechselspiel zwischen den drei Gonadotropinen und den Sexualhormonen benötigt.

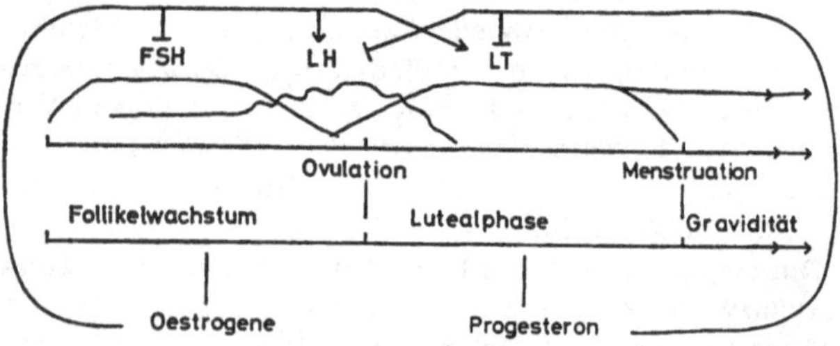

Abb. 19. Hormonspiegel und Regulation desselben (feed-back) während des Ovarialzyklus und der Gravidität bei Säugetieren.

Es zeigt sich, daß in diesem Fall die Regulation durch den Hypothalamus, der als Reizgrößen wieder Sexualhormonspiegel und Stoffwechselprozesse wahrnehmen muß, kompliziert ist. Mehrere Sexualhormone wirken rückkoppelnd (Abb. 19).

Bei Säugetieren gibt es innerhalb der Brutzeit, die meist im Frühjahr liegt, da die Witterungsverhältnisse dann die Aufzucht der Jungen am besten gewährleisten, in unterschiedlichem Ausmaß kurze Perioden, in denen die weiblichen Tiere für die Kopulation empfänglich sind. Die Reifung der Eier erfolgt periodisch und damit tritt in einigermaßen konstanten Abständen ein Follikelsprung, eine Ovulation ein, bei der eine Eizelle freigesetzt und befruchtet werden kann. Der Zyklus der Eireife wird Oestrus genannt. Es gibt verschiedene Formen eines Oestrus. Bei den sogenannten Reflex-Ovulatoren (Kaninchen und Katze) tritt die Ovulation auf einen äußeren Stimulus, meistens die Kopula, hin ein. In der Gruppe der Spontan-Ovulatoren, bei denen der Follikelsprung spontan im Rahmen des Zyklus vorkommt, kennt man drei Formen: 1. solche mit kurzem Zyklus, der nur aus Eireifung und Follikelsprung besteht (Ratte, Maus und Hamster), 2. solche mit vollständigem Zyklus, bei dem sich an die Ovulation eine Phase anschließt, bei der ein Gelbkörper (Corpus luteum) aus dem geplatzten Follikel entsteht (Meerschweinchen, Hund und Huftiere) und 3. solche, bei denen eine Menstruation, eine Abstoßung der drüsenartig veränderten Gebärmutterschleimhaut, den Zyklus abschließt (Mensch und Affe, Tab. 5).

Zu Beginn des Zyklus wird FSH in ansteigender Menge sezerniert und erreicht ein Maximum, das eine Zeit lang beibehalten wird (Abb. 19). FSH bewirkt die Reife der Follikel (Graafsche Follikel). Diese entwickeln sich jeweils aus einer Gruppe von Zellen und bilden bläschenförmige Zellanordnungen. Die Follikelzellen umlagern dabei einen Innenraum, in den der Eihügel mit der Eizelle hineinragt. Diese Follikel werden nicht durch FSH allein zur Reife gebracht, da FSH weder die Entwicklung des dazwischen liegenden

Bindegewebes, der Theka, und die Ausbildung der Gelbkörper, Corpora lutea, fördert noch die Abgabe von weiblichen Geschlechtshormonen, den Oestrogenen, stimuliert.

Tabelle 5
Verhältnisse bei der Eireifung und Implantation im Bereich der Säugetiere

Zyklus	Ovulation Indukt. des Anstiegs der LH-Sekretion	Lutealphase Induktion durch LT-Sekretion	Vorkommen
Reflex-Ovulatoren	von außen induziert	von außen induziert	Kaninchen, Katze
Spontan-Ovulatoren			
1. unvollständ. Zyklus	spontan im Zyklus	induziert durch Implantation des Eies	Ratte, Maus, Hamster
2. Zyklus mit Lutealphase	spontan im Zyklus	spontan im Zyklus	Meerschweinchen, Hund
3. Zyklus mit Menstruation[1]	spontan im Zyklus	spontan im Zyklus	Primaten

[1] Menstruation = Abstoßung der Uterusschleimhaut als besondere Gewebeeigenschaft nach Beendigung des Zyklus.

In der zweiten Phase des Oestrus wird das LH (Luteinisierungshormon), auch ICSH (interstitielle Zellen stimulierendes Hormon) genannt, sezerniert. Es regt die Zwischenzellen in der Theka zur Abgabe von Oestrogenen an, die wiederum die FSH-Produktion hemmen. Die LH-Sekretion erfolgt wahrscheinlich in zwei Raten. Ein Grundspiegel wird gleichzeitig mit FSH sezerniert und auch in ähnlicher Weise gesteuert. Diese Menge bringt den Follikel zur vollständigen Reife. Einflüsse, die bei den einzelnen Tiergruppen unterschiedlich sind, bewirken, daß die LH-Sekretion plötzlich wellenförmig ansteigt. Beim Kaninchen (Reflex-Ovulator) ist der Kopulationsreiz, übersetzt in einen neurogenen Stimulus, hierfür verantwortlich. Bei Spontan-Ovulatoren erfolgt diese Änderung der Sekretionsrate automatisch im Zyklus. Die tägliche Lichtmenge regelt diesen Vorgang. Die wellenförmige Erhöhung der LH-Sekretion löst die Ovulation, den Follikelsprung, aus. Der Restfollikel bildet sich dann zum Gelbkörper (Corpus luteum) um. Dieser sezerniert das zweite Gonadenhormon, das Progesteron.

Die Progesteron-Sekretion wird vom LH nur eingeleitet, auf die Dauer dagegen von dem LT (Luteotropin) reguliert, einem dritten gonadotropen Faktor. LT wurde von ASTWOOD u. Mitarb. nachgewiesen. Beim Säuger besteht eine Verbindung zwischen Milchdrüsensekretion (Laktation) und Ovarienwachstum; beide Organe werden vom LT angeregt. Wegen seiner Doppelbedeutung wird es auch Prolactin oder mammotropes Hormon (MH) genannt.

Die Regulation der LT-Sekretion durch den Hypothalamus ist dadurch gekennzeichnet, daß die Faktoren des Hypothalamus im Gegensatz zu allen anderen releasing-Faktoren (außer denen für MSH) diese Sekretion hemmen. Eine vom Hypothalamus isolierte Hypophyse gibt vermehrt Prolactin ab. Die Steuerung der LT-Sekretion richtet sich nach dem Progesteronspiegel. Zu viel Progesteron hemmt die Prolactin-Abgabe. Bei den Ovulatoren mit vollständigem Oestrus-Zyklus und Corpus luteum-Bildung (d. h. mit funktionierender Lutealphase) ist kein besonderer äußerer Reiz nötig, um die LT-Sekretion einzuleiten. Bei den Säugern mit verkürztem Zyklus löst ein neurogener Stimulus, bedingt durch die Implantation des Eies in die Uterusschleimhaut, die LT-Abgabe aus. Zwischen den einzelnen Tiergruppen müssen also Unterschiede im Reaktionsmuster des Hypothalamus vorliegen.

Tritt eine Schwangerschaft ein, so wird die LT-Sekretion nicht unterbrochen, sondern bleibt weiter bestehen. Es bleibt damit die Lutealphase, die Progesteronsekretion, erhalten. Es werden Prozesse, die für die Gravidität notwendig sind wie Uteruswachstum, Aufbau der Schleimhaut, gefördert. Durch ein neuroendokrines Reflexgeschehen wird vom Hypothalamus die Abgabe weiterer Gonadotropine unterdrückt, so daß keine neuen Follikel heranreifen. Während der Schwangerschaft beginnt auch die Uterusschleimhaut Gonadotropine zu synthetisieren und abzugeben. Sie unterstützt also die Hypophysenfunktion (vgl. Kap. B, II, c, 2, η).

Bei weiblichen Säugern ist die Regulation der Milchsekretion und der Aufbau der Milchdrüse wichtig. Gonadotropine kontrollieren diese Vorgänge mittelbar über Geschlechtshormone und unmittelbar in Zusammenarbeit mit weiteren Hypophysenhormonen (Abb. 20). Für die Milchabgabe beim Saugen sind vor allem Prolactin und Oxytocin verantwortlich.

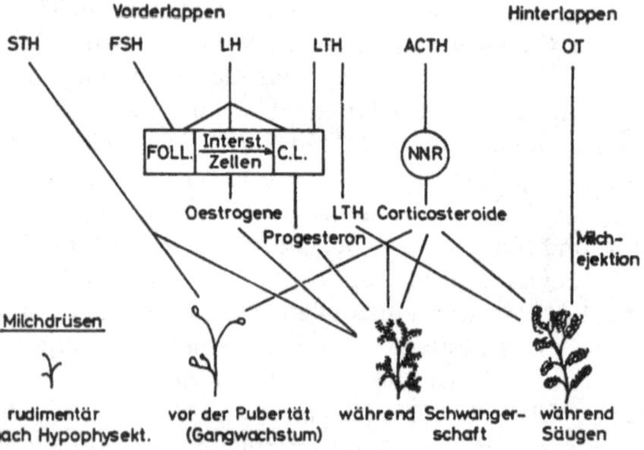

Abb. 20. Einfluß verschiedener Hormone auf Ausbildung und Funktion der Milchdrüse. NNR — Nebennierenrinde, C.L. — Corpus luteum

Beim männlichen Säugetier sind ebenfalls FSH, LH und LT nachgewiesen. FSH leitet die Entwicklung der samenbildenden Tubuli ein. Zum vollständigen Ablauf der Spermatogenese genügt es allein jedoch nicht; es kann die Entwicklung des interstitiellen Gewebes nicht bewirken. LH ergänzt diese Funktion, indem es die interstitiellen Zellen (Leydigsche Zellen) stimuliert, so daß sie Testosteron, das männliche Keimdrüsenhormon, sezernieren. Testosteron selbst kann ebenfalls die Spermatogenese anregen. Die Sekretionsraten beider Hormone werden auch im männlichen Geschlecht vom Hypothalamus gesteuert. Testosteron unterdrückt die Gonadotropin-Sekretion.

Die LH-Abgabe erfolgt im männlichen Geschlecht gleichförmig; es gibt keinen plötzlichen Anstieg, wie er beim Weibchen beschrieben wurde. Diesen unterschiedlichen Sekretionsmustern müssen Unterschiede im männlichen und weiblichen Hypothalamus zugrunde liegen. Geringe Mengen von Testosteron lösen diese sexuelle Differenzierung während der Frühentwicklung des Gehirns aus. Fehlt Testosteron, so unterbleibt sie und das Sekretionsmuster des männlichen Organismus entspricht dem des weiblichen. Eine frühe Kastration des Männchens erzeugt also ein weibliches Sekretionsmuster, Testosteronbehandlung weiblicher Embryonen ein männliches Muster und damit Daueroestrus.

Die Bedeutung des LT ist beim männlichen Tier weitgehend unbekannt.

Während diese Regulationsvorgänge beim Säuger schon weitgehend geklärt sind, weiß man bei niederen Wirbeltieren wenig davon, da hier die Hormone selbst noch nicht isoliert sind. Bei Cyclostomen, Elasmobranchiern und Teleostiern stimulieren Gonadotropine ebenfalls die Hormonproduktion der Gonaden und damit die Ausbildung der sekundären Geschlechtsmerkmale. Das Auswachsen von Legeröhren, z. B. beim Bitterling, ist wahrscheinlich auch vom

LH-Gehalt des Blutes beeinflußt. Die Gonadotropine regulieren ebenfalls den Ablauf des Fortpflanzungsgeschehens selbst und regen das Gonadenwachstum und die Keimzellenreifung an. Prolactin verursacht bei Fischen eine Reihe von Wirkungen, die nicht direkt die Gonaden betreffen. Es stimuliert die Schleimproduktion in Schleimdrüsen der Haut von Diskusfischen. Dieses Hautsekret dient der Ernährung der Jungen. Dazu löst es das Brutpflegeverhalten aus (FIEDLER, BLÜM).

Bei hypophysektomierten Tieren der Spezies Fundulus heteroclitus hält Prolactin den Osmomineralhaushalt im Gleichgewicht (PICKFORD u. a.). Diese Tiere können normalerweise in Süß- und Salzwasser leben, sie sind euryhalin. Nach Hypophysektomie sterben sie jedoch im Süßwasser. Durch Prolactin-Injektionen können sie dann am Leben gehalten werden. Auch die Melaninbildung ist beim hypophysektomierten Fundulus gestört. Prolactin verhindert den Abbau des Pigmentes in den Melanophoren (morphologischer Farbwechsel).

Bei Amphibien wird durch Hypophysektomie das Gonadengewicht nur in den Jahreszeiten verändert, in denen die Aktivitätsphase der Keimdrüsen einsetzt oder abläuft. Untersuchungen der Spermatogenese zeigten, daß die Mitosetätigkeit der Spermatogonien durch Gonadotropine angeregt werden muß. Aus Laborversuchen ist allgemein bekannt, daß Frösche und Kröten (besonders der afrikanische Krallenfrosch) durch Injektion von Choriongonadotropinen (stark luteinisierende Wirkung) zur Ei- und Spermien-Abgabe veranlaßt werden können. Wahrscheinlich wirken Geschlechtshormone hierbei mit. Der Mechanismus dürfte nicht allzu stark von dem der Säugetiere unterschieden sein.

Prolactin hat bei Amphibien auch einen wichtigen Effekt außerhalb der Gonaden. So wurde bei bestimmten Molchen nachgewiesen, daß die Tiere vor der Geschlechtsreife vom

Land in Teiche wandern, wo ihre Nachkommen das adaequate Lebensmilieu finden. Dieses „water-drive" vor dem Ablaichen wird durch Prolactin ausgelöst. Prolactin regt außerdem weitere Veränderungen (z. B. die der Schilddrüsenaktivität) an, die diese Spätmetamorphose charakterisieren.

Bei Reptilien und Vögeln sind Ovarien- und Hoden-Zyklen bekannt, die jahreszeitlich synchronisiert sind. Bei einzelnen Vögeln (nachgewiesen z. B. bei Weberfinken, Abb. 1) übt LH einen Einfluß auf das Gefieder aus. Prolactin wirkt bei Vögeln auf das Brutverhalten, das Brutkleid und die Legerate, die das Ausmaß des Geleges bestimmt, ein. Eierlegen und Brüten sind also ebenfalls von den Gonadotropinen abhängig. Daneben befähigt Prolactin den Taubenkropf zur Absonderung der „Kropfmilch", einer milchigen, Epithelzellen enthaltenden Flüssigkeit — die zur Atzung der Jungen dient. Dazu wird das Kropfepithel, das die „Kropfmilch" absondert, in Drüsenzellen umgewandelt.

Aus dem Dargelegten lassen sich folgende Möglichkeiten ableiten, die Gonadotropine biologisch zu testen:

FSH — histologische Untersuchungen des Ovars und Bestimmung der Follikelreife, Messung des Ovarienwachstums.

LH — histologische Untersuchung des Ovars und Bestimmung der Restitution des interstitiellen Gewebes, Messung des Ovarienwachstums
Messung des Wachstums von Prostata oder männlichen Gonadenanhangsdrüsen
Färbung des Gefieders von Weberfinken

LT — Taubenkropf-Test
Wachstum der Milchdrüsengänge
Bestimmung der indirekt auf Prolactin zurückzuführenden, eigentlich von Progesteron verursachten,

Effekte am Oestruszyklus und an der Uterusschleimhaut
Immunologische Bestimmung (Kaninchen und Meerschweinchen lassen sich immunisieren)

Der Regulationsmechanismus der Gonadenzyklen und die Hemmung der Gonadotropinsekretion sind wichtig zum Verständnis der Wirksamkeit oraler Empfängnisverhütungsmittel. Werden solche in Tablettenform eingenommene Verbindungen in genügender Konzentration resorbiert, so können sie im wesentlichen auf zweierlei Weise eine Schwangerschaft verhüten: Sie beschleunigen den Durchtritt des Eies durch den Uterus und verhindern damit, daß das Ei sich festsetzt und entwickelt, oder sie verhindern eine Hypophysenaktivierung durch den Hypothalamus und damit eine Sekretion von Gonadotropinen. Letzter Effekt wird am besten durch eine Mischung von Oestrogenen und Gestagenen (progesteronartig wirkenden Stoffen) erzielt. Es werden hierbei nicht die eigentlichen Gonadenhormone angewandt sondern Verbindungen mit gleichen Wirkungen, die man synthetisiert und die leicht im Darm resorbiert werden können. Dem Hypothalamus wird ein Ablauf des Zyklus oder sogar eine Schwangerschaft vorgetäuscht, so daß die normale Induktion einer Ovulation unterbleibt. Aus Abb. 19 ist dies leicht herauszulesen. Eine solche Behandlung soll weitgehend unschädlich sein.

Zwischenlappen (Pars intermedia) und Farbwechsel

Farbwechsel ist eine im Tierreich weit verbreitete Erscheinung. Tiere passen sich hierbei in ihrer Färbung dem Untergrund an, auf dem sie sich befinden. Nach der Reaktionszeit unterscheidet man einen schnell erfolgenden, kurze Zeit anhaltenden physiologischen Farbwechsel und einen morphologischen Farbwechsel, der zur Ausbildung längere

Zeit benötigt und auch nicht kurzfristig wieder rückgängig gemacht werden kann. In der Regel ist der physiologische Farbwechsel mit einer Pigmentbewegung in den Melanophoren verbunden (Dispersion oder Konzentration des Pigmentes), während dem morphologischen Farbwechsel eine Pigment- und Pigmentzell-Vermehrung zugrunde liegt. Eine Ausnahme hiervon macht der Farbwechsel der Cephalopoden, bei dem die Ausmaße der Pigmentzelle selbst durch Muskeln verändert werden.

Die Änderung der Körperfarbe kann durch verschiedene Hormone hervorgerufen werden. Das Schilddrüsenhormon, Thyroxin, verändert den Melaningehalt. Nebennierensteroide beeinflussen die Haut und können daher ebenfalls das Farbkleid verändern. Auch nervöse Reizung der Pigmentzellen bewirkt bei verschiedenen Tieren Farbvariationen. Schließlich sind auch genetische Faktoren für das Farbkleid ausschlaggebend (Wildfärbung bei Säugern).

Bei niederen Wirbeltieren, Fischen und Amphibien, steuert besonders ein Hormon des Zwischenlappens, das Melanophorenhormon (MSH) den hier sehr ausgeprägten Farbwechsel. Bei adulten Fröschen und Kaulquappen induziert ein dunkler Untergrund — wenn die Tiere bei normaler Helligkeit gehalten werden — eine Dispersion des Melanins in den Pigmentzellen. Vom Auge über den Hypothalamus gesteuert, wird diese Verdunklung des Tieres durch Abgabe von MSH ausgelöst. Dunkel gehaltene Tiere hellen unabhängig vom Untergrund auf; das Pigment ihrer Melanophoren liegt konzentriert vor. Das Pigment von normal beleuchteten Tieren auf hellem Untergrund ist ebenfalls in den Melanophoren konzentriert. Farbanpassung ist also nur möglich, wenn die Tiere über das Auge Lichteindrücke wahrnehmen können.

Die Farbwechsel-Reaktion niederer Wirbeltiere auf MSH ist nicht nur an den Melanophoren, Farbzellen mit dunkelbraunem bis schwarzem Pigment, zu beobachten. Auch farbige Lipophoren (Xanthophoren und Erythrophoren) reagieren auf MSH. Soweit dies genauer geklärt ist, dürfte in fast allen Fällen eine ähnliche Reaktion wie bei den Melanophoren vorliegen.

Die MSH-Sekretion wird durch den Hypothalamus reguliert. Transplantationsversuche zeigten, daß isolierte Hypophysen vermehrt MSH abgeben. Der Hypothalamus hemmt also normalerweise die Sekretion (wie beim Prolactin). Es ist oft die Frage diskutiert worden, ob es auch Hormone gibt, die das Pigment konzentrieren. Diese Hormone würden dann dem MSH entgegenwirken. Bei einigen wenigen Arten soll ein solcher Faktor aus der Hypophyse isolierbar sein. Ein allgemeines Vorkommen ist jedoch nahezu ausgeschlossen. Bei Säugern wurde in der Epiphyse ein Stoff gefunden, der das Melanin konzentriert. Dieser Stoff, Melatonin, ist ein Tryptaminderivat (N-acetyl-5-methoxytryptamin). Bei Amphibien konzentriert Adrenalin das Pigment, hellt also die Tiere auf. Es muß aber zur Zeit noch dahingestellt werden, ob beim natürlichen Farbwechsel der Anuren ein Wechselspiel zwischen diesen Substanzen vorliegt.

Die Nervenversorgung der Pigmentzellen spielt bei Amphibien keine große Rolle. Dagegen geht bei vielen Fischen die Untergrundreaktion verloren, wenn die Haut denerviert ist. Die Innervation der Farbzellen ist also für die Melanophoren-Reaktion bei Fischen wichtig.

MSH beeinflußt nicht nur den physiologischen Farbwechsel. Langdauernde Ausschüttung, z. B. von einer isolierten Hypophyse her, ruft auch Neubildung von Melanin hervor. Gleichzeitig vermehren sich die Melanophoren, wie kürzlich an Xenopus nachgewiesen wurde (PEHLEMANN). Melanophoren im expandierten Zustand sind also teilungsfähig. Die Teilungsrate ist unter dem Einfluß des Hormons relativ hoch.

Untersuchungen zur Klärung des Wirkungsmechanismus des MSH in der Melanophore haben die Bedeutung folgender physiologischer Parameter in der Zelle bei der Pigmentverschiebung herausgestellt:

1. Veränderung der Plasmaviskosität, Übergang von Gel zu Sol bei der Pigmentverschiebung.
2. Elektrische Potentialdifferenzen zwischen Zentrum und Peripherie der Zelle, in deren Feld Melanin bewegt wird.
3. Ionenverschiebungen, Hemmung der MSH-Wirkung, wenn Na^+ fehlt.
4. Stoffwechselveränderungen bei der Pigmentwanderung (hierüber liegen widersprüchliche Aussagen vor).

Es ist vorstellbar, daß MSH die Permeabilität für bestimmte Ionen verändert. Die Ionenverschiebungen würden sowohl den kolloidalen Zustand als auch elektrische Potentiale in der Zelle reversibel verschieben und damit gleichzeitig das Melanin durch intrazellulare Elektrophorese verlagern.

Für den Grad der Melanophoren-Reaktion gibt es einen Index, d. h. eine Einteilung in 5 Dispersionsgrade (n. HOGBEN u. SLOME: 1. konzentriert bis 5. maximal dispergiert), der es ermöglicht MSH zu testen. Als Testobjekt ist unter besonderen Umständen die überlebende Froschhaut geeignet (Abb. 21).

Aus Schweinehypophysen wurden zwei Hormone isoliert, α- und β-MSH. α-MSH besteht aus 13, β-MSH aus 18 Aminosäuren.

β-MSH:
Asp-Glu-Pro-Tyr-Lys-Met-Glu-His-Phe-Arg-Try-Gly-Ser-Pro-Pro-Lys-Asp.

α-MSH:
Ser-Tyr-Ser-Met-Glu-His-Phe-Arg-Try-Gly-Lys-Pro-Val

Zwischen beiden MSH bestehen weitgehende Parallelen. Interessanterweise wurde auch im ACTH eine Kette von Aminosäuren festgestellt, deren Sequenz genau mit der von α-MSH übereinstimmt. ACTH ist wohl auf Grund der Aminosäurefrequenz in diesem Molekülfragment melanophorenwirksam, d. h. auch ACTH dispergiert das Melanin. Es ist aber deswegen noch nicht mit MSH identisch.

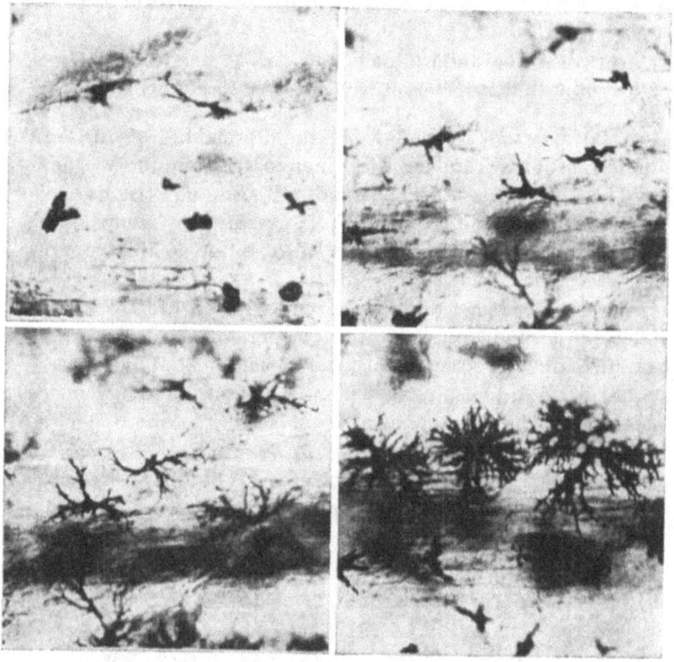

Abb. 21. Melanophoren mit unterschiedlicher Melanindispersion in der Schwanzhaut der Xenopus-Kaulquappen Index oben 2—3, unten 4—5.

β) Schilddrüse (Thyreoidea)

Die Schilddrüse wurde schon 1656 von T. Wharton, einem englischen Arzt, beschrieben und Thyreoidea (thyreos = Schild, eidos = Form) genannt. Sie entwickelt sich ebenso wie das Inselsystem der Bauchspeicheldrüse und die endokrinen Zellen der Darmwand aus dem Entoderm und entsteht ähnlich wie eine Reihe weiterer Drüsen, Nebenschilddrüse, Ultimobranchialkörper und Thymus. (Vom Thymus, einem lymphatischen Organ, ist unklar, ob er Hormone produziert; er wird hier deshalb nicht weiter behandelt.) Bei Wirbeltieren liegt die Thyreoidea meistens als kompaktes selbständiges Organ median dem Pharynx an, kann aber bei einigen Gruppen paarig vorhanden sein. Die Anlage der späteren Schilddrüse entsteht sehr früh in der ontogenetischen Entwicklung als mediane Ausbuchtung des Pharynxbodens. Bei der Larve der Neunaugen (Ammocoetes) bleibt dieses röhrenförmige Organ, „Endostyl" oder Subpharyngealdrüse genannt, bis zur Metamorphose durch einen Gang zum Pharynx hin offen. Das innere Epithel der Röhre entwikkelt sich zu Drüsenzellen mit charakteristischer Anordnung um. Zur Zeit der Metamorphose degenerieren einige dieser Zellen, andere bilden die Follikel der Schilddrüse. Bei Tunikaten, einer Tiergruppe, die man als Urochordaten den Chordaten und damit den Wirbeltieren voranstellt, und bei den Acraniern (Amphioxus = Branchiostoma) ist ebenfalls ein Endostyl vorhanden. Es ist eine Rinne mit Schleim- und Wimperzellen, die dazu dient, die Nahrung zum Verdauungsraum weiterzuschieben.

Bei Fischen ist das Schilddrüsengewebe oft diffus entlang einer Arterie verteilt, kann jedoch bei Elasmobranchiern und einigen Teleostiern kompakt und von Bindegewebe umgeben sein. Bei Amphibien und Vögeln liegen die beiden Teile der paarigen Drüse relativ weit auseinander (Abb. 22). Bei Reptilien ist die Schilddrüse unpaarig. Die beiden Hälften der Säugerschilddrüse, die beiderseits des Pharynx liegen, sind meist durch eine Gewebebrücke verbunden. In allen Fällen wird die Schilddrüse sehr stark durchblutet.

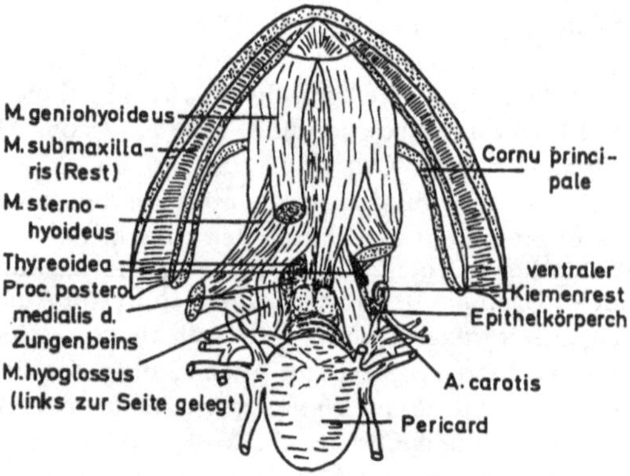

Abb. 22. Lage der Thyreoidea und Epithelkörperchen bei Fröschen (Rana temporaria), (verändert n. GAUPP).

Funktionelle Histologie und Cytologie

Die Schilddrüse besitzt eine besondere histologische Struktur (Abb. 18d und 23). Sie besteht aus Follikeln, bei denen um einen kolloidgefüllten Innenraum die Zellen epithelartig angeordnet sind. Diese Struktur ist funktionell so zu verstehen, daß im Innenraum Hormon oder Vorstufen desselben gespeichert werden. Die Schilddrüse ist das einzige endokrine Organ, bei dem ein extrazelluläres Speichervermögen in diesem Ausmaß erwiesen ist.

Schon einfache histologische Färbemethoden unter Verwendung von Farbstoffen, die das Kolloid gut anfärben (z. B. Azanfärbung), erlauben Aussagen über den Funktionszustand der Zellen. Das histologische Erscheinungsbild ist in den einzelnen Wirbeltiergruppen sehr gleichartig. Die

Schilddrüsen von Normaltieren haben ein relativ hohes Epithel und einen kleinen meist nicht sehr dicht gefärbten Kolloidraum. Injiziert man Tieren TSH, so erkennt man kurze Zeit nach der Injektion Vakuolen im Kolloidraum und anfärbbare Tropfen in den Epithelzellen auf der Seite des Kolloidraums. Außerdem verdickt sich das Epithel. Diese Erscheinungen verstärken sich in den ersten Stunden nach der Injektion je nach der gegebenen TSH-Dosis. Eine inaktive Thyreoidea, z. B. von hypophysektomierten Tieren, ist charakterisiert durch ein flaches Epithel und einen großen Kolloidraum mit dicht gefärbtem schollenförmigen Kolloid. In der stimulierten Drüse löst sich dann das Kolloid auf und Sekretionsprodukte gelangen aus den stark vergrößerten Epithelzellen in den Innenraum (Abb. 23).

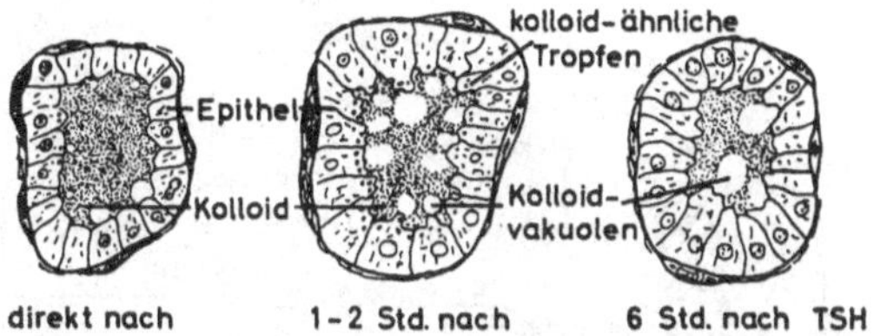

Abb. 23. Veränderung der Schilddrüsenfollikel nach TSH-Gaben

Die Zellen sezernieren, wie eingehende Untersuchungen ergaben, auf merokrine Weise (ohne Auflösung der Zellen selbst) eine Reihe von Substanzen in den Kolloidraum. Hierzu sind Globuline und Enzyme wie Proteasen, Dejodinasen und andere zu rechnen. Die Jodierung erfolgt wohl erst im Kolloidraum. Außerdem resorbieren sie im Bedarfsfalle das Thyreoglobulin, um es an das Blut abzugeben. Für diese Doppelfunktion müssen die Zellen ausgerüstet sein. Sie besitzen sowohl Einrichtungen zur Proteinsynthese als auch eine vergrößerte Oberfläche zur Resorption. Am apikalen Ende liegen Ausstülpungen, sogenannte Mikrovilli.

Das Kolloid geht spezifische histochemische Reaktionen ein. So läßt es sich gut mit Perjodsäure-Schiffschem Reagenz anfärben. Es handelt sich bei dem Kolloid um ein kohlenhydrathaltiges Proteid. Extraktion desselben und eingehende Untersuchung haben ergeben, daß dieses Glykoproteid Hexosamin und verschiedene Hexosen enthält. Es wird als Thyreoglobulin bezeichnet und stellt eine Sekret- und Transportform der Schilddrüsenhormone dar.

Biosynthese der Schilddrüsenhormone

Die Hormone der Schilddrüse sind jodhaltige Abkömmlinge der Aminosäure Tyrosin. Das Drüsengewebe besitzt die Fähigkeit, Jod bevorzugt aus dem Blut aufzunehmen und an die Aminosäure anzulagern.

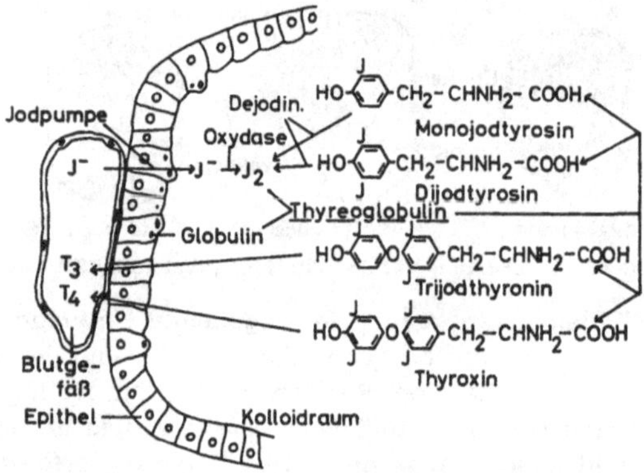

Abb. 24. Schematische Darstellung der Biosynthese der Schilddrüsenhormone im Follikel (n. GORBMAN u. BERN, KARLSON u. a.)

Jod findet sich als Jodid im Blut und wird durch einen besonderen Vorgang, den man als „Jodid-Pumpe" bezeichnet, von den Epithelzellen aufgenommen. Dieses Jodid wird an den Kolloidraum abgegeben, dort durch ein Ferment zu

J_2 oxydiert und dieses an ein Globulin angelagert, das von den Epithelzellen aufgebaut wird. Die Proleolyse dieses Thyreoglobulins im Kolloidraum setzt verschiedene Jodierungsprodukte frei, von denen vor allem Trijodthyronin (T_3) und Thyroxin (T_4) in die Blutbahn übertreten (Abb. 24). T_3 und T_4 werden gebildet, indem sich in dem Thyreoglobulinmolekül Mono- und Dijodtyrosin oder zwei Dijodtyrosine zusammenlagern. Radioaktives Jod sammelt sich sehr schnell an der äußeren Grenze des Kolloidraums. Es ist dies der Grund für die Annahme, daß die Jodierung des Globulins im Kolloidraum und nicht in den Epithelzellen stattfindet. Ein eindeutiger Beweis hierfür fehlt.

Drüsenfunktion, Aktivitätsbestimmung und Steuerung

Die Jodakkumulation und Speicherung als organisch gebundenes Jod ermöglicht es, genaue Aussagen über die Synthese- und Abgaberate der Schilddrüse zu machen. Es wird hierzu radioaktives Jod verwendet und die Lokalisation desselben autoradiographisch bestimmt. Da die Schilddrüsenhormone die einzigen organischen jodhaltigen Verbindungen im Körper sind, läßt sich nach Verabreichung radioaktiven Jods ihr Schicksal im Organismus sehr leicht verfolgen. Moderne biochemische Methoden ermöglichen eine Isolierung und Analyse solcher Verbindungen.

TSH stimuliert die Aufnahme von Jodid aus dem Blut. Das Verhältnis von Schilddrüsen- zu Serumjod (T/A) kann 20mal so groß werden wie normal (T/A=500 nach TSH; normal etwa 25). Möglicherweise hat TSH auch Bedeutung bei der Bildung der Thyronine, also der Vereinigung von jeweils zwei Jodtyrosinen. Da jedoch nachzuweisen ist, daß viele jodinierte Eiweiße (z. B. auch Casein) Thyronine zu bilden vermögen, dürfte es sich hierbei um einen chemischen Prozeß handeln, der höchstens durch TSH beschleunigt wird. Die Ribonukleinsäure der Epithelzellen wird durch TSH vermehrt. Dies deutet auf verstärkte Eiweißsynthese hin. Sowohl die Bildung von Globulinen als auch die Funktionssteigerung der Jodpumpe ist hiermit erklärbar. Weiterhin wird Wachstum und Zellvermehrung durch TSH angeregt. Es fördert auch die Proteolyse des Kolloids, indem es die Bildung der hierzu notwendigen Protease beschleunigt.

Die Schilddrüsenfunktion kann auf verschiedenartige Weise gehemmt sein. Genetische Faktoren beeinflussen die Jodakkumulation oder die organische Jodbindung, die Dejodinierungsreaktion oder die Zusammenlagerung der Tyrosine zu Thyroxin. Diese Hemmungen führen zur Schilddrüsenvergrößerung und Kropfbildung. Übermäßige Jodaufnahme verschiebt die einregulierte Produktionsrate der Schilddrüsenhormone und führt bei vielen Tieren ebenfalls zur Hyperplasie des Gewebes.

Daneben haben sich eine Reihe von chemischen Substanzen als Hemmfaktoren der Schilddrüsenaktivität erwiesen. Die Analyse ihrer Wirkung hat Beiträge zur Erforschung der Physiologie der Schilddrüse geliefert. Antithyreoidale Substanzen sind Thiocarbamide (Thioharnstoff und Thiouracil), Thiocyanate, Perchlorate und andere Anionen. Die Thiocarbamide verhindern die organische Bindung des anorganischen Jods, also z. B. die Jodinierung des Tyrosins. Möglicherweise wird schon die Oxydation des Jodids verhindert. Aber auch die weiteren Schritte zu Dijodtyrosin und Jod-Thyroninen werden durch diese Verbindungen stark gehemmt. Thiocyanate, Perchlorate u. a. verhindern die Jodaufnahme, sind aber gegenüber Jod, das bereits aufgenommen ist, wirkungslos. Unter bestimmten Umständen (z. B. Graves' Krankheit) verhindert Jodid die Hydrolyse von Thyreoglobulin. In manchen Krautsorten finden sich „Kropfnoxen", toxische Substanzen, die zur Schilddrüsenvergrößerung führen. Alle Faktoren, welche die Thyroxinabgabe verringern oder verhindern, erhöhen damit die Sekretion von TSH, was zur Hypertrophie der Schilddrüse führt.

Da Schilddrüsenhormone an Proteine gebunden transportiert werden, gibt es noch eine andere Form der antithyreoidalen Wirkung. Dinitrophenol z. B. befreit Thyroxin aus solcher Bindung. Das freie Thyroxin senkt die TSH-Abgabe und verringert so die Schilddrüsenaktivität.

Behandlung mit Überdosen radioaktiven Jods bringen die Schilddrüsenfunktion zum Erliegen. Dieses Radio-Jod reichert sich in der Schilddrüse an und schädigt durch seine Strahlung das noch vorhandene Gewebe. Dieses Verfahren, Radiothyreoidektomie genannt, erlaubt eine Ausschaltung der Schilddrüse dann, wenn operative Entfernung bei verzweigter Ausbreitung des Drüsengewebes nicht möglich ist.

Die Entwicklung der Schilddrüse und ihr Aktivitätsbeginn beim Krallenfrosch werden durch Abb. 25 erläutert. Die Drüse enthält am wenigsten Kolloid in einem Stadium kurz vor der endgültigen Umwandlung (7-Wochen-Alter). Die thyreotropen Zellen der Hypophyse haben schon vorher (6-Wochen-Alter) ihre höchste Aktivität, kenntlich am Maximum der Kerngröße. Die Jod-Anreicherung in der Schilddrüse fällt wegen steigender Schilddrüsenaktivität zu diesem Zeitpunkt rapide ab. Das proteingebundene Jod im Organismus, d. h. der Spiegel an Schilddrüsenhormon im Blutkreislauf und Gewebe, erhöht sich 7 Wochen nach Beginn der Entwicklung. Der Funktionsbeginn liegt also zwischen 6 und 7 Wochen-Alter.

Tiere, die unter natürlichen Bedingungen leben, und in geringem Ausmaß auch der Mensch haben einen jahreszeitlichen Rhythmus der Schilddrüsenaktivität. Bei Warmblütern ist die Schilddrüse während der kalten Jahreszeit (Januar bis März) sehr produktiv. Bei Kaltblütern beginnt die Aktivität in unseren Breiten mit Einsetzen des Frühlings.

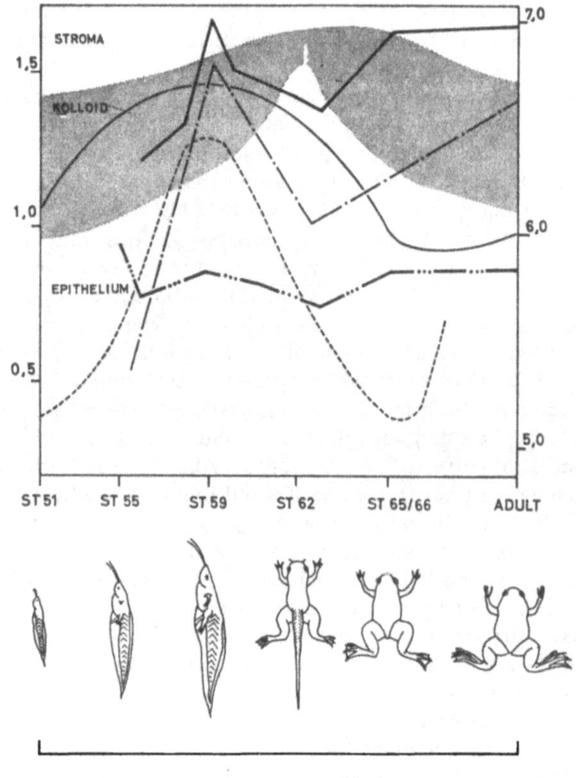

Abb. 25. Histophysiologie von Schilddrüse und Interrenalorgan zu verschiedenen Stadien bei Xenopus-Kaulquappen (n. SAXEN u. a., RAPOLA, LEIST). Die Schilddrüsenaktivität wird deutlich am Verhältnis von Epithelhöhe (weiße Fläche) zum Kolloidraum (dunkle Fläche), an der Menge Jod[131] in der Schilddrüse (gestrichelte Kurve - - - -) und der Größe der Zellkerne der TSH-Zellen in der Hypophyse (dünne ausgezogene Kurve —) Die Interrenal-Aktivität beweisen die Kerngrößen der normalen Zellen (— · · · — · · ·) sowie der Zellen nach gleichmäßiger ACTH-Stimulation (dicke ausgezogene Linie —). Außerdem läuft die Ausscheidung von Ketosteroiden (Abbauprodukte der Corticosteroide) im Harn parallel hiermit (— · — · —)

Die Schilddrüsentätigkeit ist korreliert mit wichtigen Verhaltensweisen der Tiere, z. B. mit Wanderungen von Fischen (Lachs, Stichling). Ebenso ist die Schilddrüse bei der Unruhe der Zugvögel ein auslösender Faktor. Die Geschlechtsreife und die metamorphotischen Veränderungen gehen mit geänderter Schilddrüsenaktivität einher, was z. B. für Fische — wie den Aal — für Molche und Frösche nachgewiesen ist.

Schilddrüsenhormone, biologische Wirkungen und Wirkungsmechanismus

In Abb. 24 sind die jodhaltigen Aminosäuren angegeben, die aus der Schilddrüse isoliert werden können. Bei Warmblütern hat T_3 meist nur einen Anteil von etwa 10 %. Jodarmut soll die Synthese von T_3 gegenüber T_4 begünstigen. Einige Kaltblüter (z. B. Goldfisch, einige Ampibien und auch Schildkröten) bilden weniger Thyroxin und es langsamer als Warmblüter. Bei diesen Tiergruppen überwiegen wohl meistens T_3 und andere Zwischenprodukte.

Trotz intensiver Bearbeitung der Schilddrüsenhormonwirkungen sind die von diesen Hormonen hervorgerufenen Reaktionen und der zellulare Wirkungsmechanismus erst sehr wenig übersehbar. Fast alle Organe werden von dieser Hormongruppe beeinflußt. Als wichtigste biologische Wirkungen seien die Veränderungen des Stoffwechsels, die des Wachstums und der Differenzierung (Metamorphose) angegeben.

Der Eingriff der Schilddrüsenhormone in den Zellstoffwechsel bewirkt bei Warmblütern, daß der O_2-Verbrauch (Atmung) und die Körpertemperatur (Wärmeabgabe) erhöht werden. Solche Effekte sind bei Fröschen und Fischen nicht durchweg nachzuweisen. Diese Veränderungen werden jedoch auch bei Warmblütern nur durch verhältnismäßig hohe Thyroxindosen erzielt. Die Wirkung tritt außerdem immer erst nach einer ausgedehnten Latenzzeit ein. Hieraus wurde gefolgert, daß entweder Thyroxin erst in eine stoffwechselaktive Form (z. B. Trijodthyreo-Essigsäure, wirkt ohne Latenz) überführt oder daß zunächst durch Thyroxin Enzyme aufgebaut werden müssen, die dann in den Stoffwechsel eingreifen.

Im Zellstoffwechsel wird die chemische Energie der Nahrungsstoffe freigesetzt. Davon werden etwa 40 % für die Zellarbeit verwendet. Der Rest wird als Wärme frei. Adenosintriphosphat (ATP) ist der Energiespeicher für die zelleigene chemische Energie. Nach Thyroxineinfluß ist der Gewinn an ATP kleiner als 40 % der chemischen Energie der Nahrungsstoffe entspricht. Die Zelle muß dann, um sich das gleiche chemische Energiepotential zu schaffen, mehr Nahrungsstoffe verbrennen, verbraucht dabei mehr O_2 und gibt mehr Wärme ab. Thyroxin soll dabei die Atmungsketten-Phosphorylierung (oxydativer Abbau — ATP-Aufbau) entkoppeln. Die Erklärung stößt auf große Schwierigkeiten, wenn berücksichtigt wird, daß nur hohe Dosen nach einer Latenzzeit wirken. Der Zellstoffwechsel erfolgt zu einem großen Teil in den Mitochondrien. Zur Bestätigung der Hypothese wurde oft angeführt, daß nach Thyroxineinfluß auch strukturelle Veränderungen an den Mitochondrien feststellbar sind. Die Mitochondrien schwellen an. Es ist denkbar, daß dadurch die Permeabilität der Membran geändert wird oder die Sequenz der Enzyme an diesen Membranen gestört wird. Eine Beeinflussung des intrazellulären Stoffwechsels wäre so leicht möglich.

Die Überlegungen zum zellularen Wirkungsmechanismus müssen auch berücksichtigen, daß nicht nur die Energiebilanz des Stoffwechsels durch Thyroxin geändert wird, sondern auch Eiweiß- und Fettstoffwechsel beeinflußt und Wasser- und Elektrolythaushalt gestört werden. Dies deutet an, daß die Aktivität einer Reihe von Enzymen kontrolliert werden muß. Somit muß auch die Proteinsynthese in der Zelle durch Thyroxin reguliert werden. Die hiermit verbundenen Veränderungen füllen die Latenzzeit aus, die bis zum Einsetzen der Stoffwechselerhöhung verstreicht. Von TATA wurden in der Rattenleber Reaktionen nach einer einzelnen Thyroxininjektion beschrieben, die nacheinander auftreten:

1. Synthese von Nukleolen-RNS
2. Anstieg von RNS-Polymerase im Kern (Ferment, das RNS aufbaut)
3. Aufbau von Eiweißen in der Mikrosomen- und Mitochondrien-Fraktion der Zelle
4. Aktivierung der Cytochrom-Oxydase
5. Anstieg des O_2-Verbrauchs (Anstieg des Grundumsatzes)
6. Erhöhung des Lebergewichtes

Zunächst wird der Ort der Eiweiß-Synthese, das endoplasmatische Retikulum vom Zellkern im Cytoplasma aufgebaut. Hierzu muß Nukleolen-RNS im Kern gebildet und in das Cytoplasma transportiert werden. Die eigentliche Proteinsynthese wird alsdann durch weitere RNS (messenger-RNS) eingeleitet. Dabei werden eine Reihe von Fermenten und Strukturen synthetisiert, was schließlich sekundär zu Stoffwechselerhöhung und Gewebevermehrung führt. Das eigentliche Ziel der Reaktion, ausgelöst durch Thyroxin, bleibt an der Leberzelle unklar. Vielleicht muß es in einer allgemeinen feinen Regulation der synthetischen Aktivität verschiedenartigster Körperzellen gesehen werden.

Die Veränderungen von Wachstum und Differenzierung durch Thyroxin werden bei der Beeinflussung der Amphibien-Metamorphose deutlich. Die Kaulquappen-Entwicklung vollzieht sich bekanntlich allmählich. Abb. 25 gibt im unteren Teil verschiedene charakteristische Stadien während der Entwicklung des Krallenfrosches (Xenopus laevis) an. Seit

GUDERNATSCH (1912) ist bekannt, daß Verfütterung von Schilddrüsengewebe und, wie wir jetzt wissen, Gaben von Schilddrüsenhormonen die morphologischen Veränderungen der Kaulquappen schneller eintreten lassen. Das Wachstum bleibt dabei zurück, die Differenzierung wird beschleunigt. Die Tiere erreichen nach solcher Behandlung schneller das Stadium des adulten Frosches. Die Veränderung der typischen Larvengestalt zum Frosch hin erfolgt schrittweise. Die charakteristischen Metamorphose-Erscheinungen sind: Reduktion des Schwanzes, Ausbildung der Extremitäten, Veränderung der äußeren Körperform. Es kommen dazu weitere Umwandlungen, auch solche biochemischer Art, z. B. fermentative Veränderungen, die bei der Exkretion eine Rolle spielen: Ammoniak als Ausscheidungsprodukt wird von Harnstoff abgelöst. Die Untersuchungen des Thyroxineinflusses auf die Metamorphose haben unter anderem zu zwei interessanten Gesetzmäßigkeiten geführt:

1. Die unterschiedlichen Veränderungen während der Metamorphose sind im voraus festgelegt und werden durch Schilddrüsenhormone nur ausgelöst und im Ablauf beschleunigt.
2. Die einzelnen Gewebe reagieren gewebespezifisch und verändern sich auch außerhalb des Organismus in vitro. Entwicklungsphysiologische Versuche, die von HADORN u. a. durchgeführt wurden, zeigen dies sehr anschaulich. Transplantiert man den Larven Extremitätenblasteme auf den Schwanz, so entwickeln diese sich zu richtigen Extremitäten. Bei der Metamorphose — oder beschleunigt unter Thyroxineinfluß — bildet sich der Schwanz zurück, die Extremitäten bleiben an dieser Stelle erhalten. Während also Thyroxin die Resorption der Schwanzzellen fördert, regt es Blastemzellen der Extremitätenknospen zur Entwicklung an und beeinflußt differenzierte Extremitätenzellen höchstens geringfügig.

Diese Überlegungen vervollständigen das oben diskutierte Reaktionsschema: Die Punkte 1—6 sind gewebespezifisch, d. h. im Gensatz der Gewebezelle ist determiniert, welche Reaktionen auf den Hormoneinfluß hin ablaufen. Die Gewebespezifität ist in den ersten beiden Schritten (Aufbau von Nukleolen- und messenger-RNS) gegeben, denn diese Zellreaktionen können noch von genetischen und anderen Faktoren kontrolliert werden.

Evolution der Schilddrüsenhormone und ihrer Funktion

Die Bildung von jodhaltigen Tyrosinen und Thyroninen ist auch feststellbar, wenn Jod mit natürlichen Eiweißen in Berührung kommt. So erfolgt die Jodbindung nicht nur in der Schilddrüse sondern auch in anderen Organen (Chorda, Speicheldrüsen, Nieren etc.) von Wirbeltieren. Bei Invertebraten, z. B. marinen Anneliden und Mollusken, werden Jod-Proteine in der gesamten Körperbedeckung erzeugt. Auch im Mund- und Vorverdauungsraum-Epithel solcher Tiere werden Thyronine gebildet. Diese gelangen in den Darm und schließlich ins Blut. Es ist fraglich, ob diese hormonartigen Substanzen bei Wirbellosen Bedeutung haben. Wahrscheinlich entwickelt sich das Gewebe, das auf das Hormon anspricht, erst später als das Hormonmolekül selbst. Begünstigt die Ansprechbarkeit auf eine solche Substanz die Lebewesen gegenüber anderen, so haben sie damit ein wertvolles Regulationssystem entwickelt, das im Evolutionsprozeß weiter ausgebaut wird. Mit Erreichen des frühen Chordatenstatus (Amphioxus, Cyclostomen-Larve) konzentriert sich die Jod-Protein-Bildung im Vorraum des Magen-Darmtraktes. Dies führt zur Ausbildung der Schilddrüse.

Die skizzierte Entwicklung geht also zunächst von einer verbreiteten Fähigkeit zur Synthese hormonaler Substanzen aus, die bei der betreffenden Art nicht als Hormone wirken. Reaktionsfähigkeit des Gewebes — soweit diese für das Individuum vorteilhaft ist — führt dazu, daß die Entwicklung einer Drüse zur Produktion des Hormones gefördert wird. Gleichzeitig vollzieht sich eine Evolution des Gewebes dahingehend, daß es verstärkt und auf breiterer Basis auf das Hormon anspricht (z. B. Stoffwechselreaktionen bei Warmblütern sind quantitativ und qualitativ unterschieden von denen bei Kaltblütern).

Klinische Bedeutung der Schilddrüsenhormone

Über- und Unterfunktion der Schilddrüse haben beim Menschen so große Bedeutung, daß von ihrer Erforschung Impulse auf die allgemeinen Schilddrüsenuntersuchungen ausgingen. Funktionsstörungen liegen bei den oft endemisch auftretenden Kropfbildungen vor. Sie sind auf Jodmangel zurückzuführen. Dieser Erkrankung, die eine Unterfunktion darstellt, steht die „toxische" Kropfbildung gegenüber, bei der eine erhöhte Sekretionsrate der Schilddrüse besteht.

Schilddrüsenunterfunktion vom Lebensbeginn an führt zum Kretinismus bei Kleinkindern. Dieses Krankheitsbild ist gekennzeichnet durch Zwergwuchs, unzureichende Ausbildung der Muskulatur und geistige Störungen. Ord nannte 1877 eine Erkrankung, die sich mit Lethargie, Verdickung des Unterhautbindegewebes, Kälteempfindlichkeit bei Erwachsenen äußerte, Myxoedem und stellte dabei bei einem Patienten eine Atrophie der Schilddrüse fest. Myxoedem ist sekundär, wie wir heute wissen, auf Hypothyreoidismus zurückzuführen. Die Symptome werden durch Behandlung mit Schilddrüsenhormon zum Verschwinden gebracht.

Hyperfunktion der Schilddrüse, wie bei der Basedowschen Krankheit, äußert sich in Erhöhung des Grundumsatzes, Übererregbarkeit, erhöhter Wärmeproduktion, leichter Ermüdbarkeit. Oft zeichnet die Patienten erhöhte Jodempfindlichkeit aus. Nicht immer vermögen die erwähnten antithyreoidalen Substanzen das Krankheitsbild wesentlich zu beeinflussen. Operative Verkleinerung der Schilddrüse ist im allgemeinen möglich.

γ) Nebenschilddrüse (Parathyreoidea, Epithelkörperchen)

Allgemeines, vergleichende Anatomie und Entwicklung

Der Name Nebenschilddrüse oder Parathyreoidea rührt daher, daß dieses Drüsensystem bei Säugetieren in enger Nachbarschaft zur Schilddrüse liegt. Bei Kaltblütern wurden die entsprechenden Organe vornehmlich als Epithelkörperchen bezeichnet. Bedeutung gewann die Nebenschilddrüse nach ihrer Entdeckung um 1880 (Sandstrom), als bald danach festgestellt wurde, daß der tödliche Ausgang einer Schilddrüsenentfernung darauf zurückzuführen ist, daß die Nebenschilddrüse mitherausgenommen wurde (Gley, 1891; Vasalle u. Generali, 1896).

Bei Amphibien kommen als Parathyreoidea in der Regel zwei paarige Drüsenkomplexe vor, die aus dem Epithel in der Umgebung der Kiemen (4. und 5. Kiemenbogen) entstehen. Sie sind homolog den Ultimobranchialkörpern, die bei Fischen die Parathyreoidea ganz zu ersetzen scheinen, bei höheren Formen aber zusammen mit den Epithelkörperchen vorkommen. In der Branchialregion sind noch eine Reihe weiterer Drüsenorgane beschrieben worden: die Carotid-Drüse bei Amphibien, Thymusdrüse, Lymphknoten usw. Eine endokrine Bedeutung dieser Organe ist noch weitgehend ungeklärt.

Das Gewebe der Parathyreoidea ist von dem der Schilddrüse histologisch unterschieden, liegt aber bei Vögeln und Säugern häufig in der gleichen Bindegewebskapsel. Die Zellen bilden Reihen, die durch ein Kapillarnetzwerk voneinander getrennt werden. Bei höheren Formen sind zwei verschiedene Zelltypen beschrieben worden.

Parathormone, biologische Wirkung und Wirkungsmechanismus

Wirksame Drüsenextrakte wurden 1925 von Collip gewonnen. Die Struktur, der als Polypeptide erkannten Hormone, ist bis heute nicht aufgeklärt. Von Rasmussen wurden drei Hormone (Parathormon A, B, und C) isoliert, die sich durch ihre physikalisch-chemischen Eigenschaften (z. B. Molekulargewicht A: 3—4000, B: 6—8000, C: 8—10 000) und die biologische Aktivität pro g unterscheiden. Von den Parathormonen sind mehrere biologische Wirkungen bekannt. Es steht aber noch nicht sicher fest, ob diese Wirkungen unterschiedlichen Hormonen zuzuschreiben sind. Schon kurze Zeit nach Injektion von Parathormon werden Phosphat und Kalium vermehrt durch die Nieren ausgeschieden. Die Exkretion von Ca-Ionen verringert sich zunächst, steigt aber einige Zeit nach dem Absinken beachtlich über den Ausgangswert an. Dieser Anstieg ist darauf zurückzuführen, daß der Ca-Gehalt des Serums angestiegen ist. Das Hormon regt nämlich auch den Abbau der Knochen an, was den Blut-Ca-Spiegel hebt.

Parathormon wirkt also auf zwei Organe: Ca-mobilisierend im Knochen, phosphatausscheidend an der Niere. Der Darm steuert durch Resorption große Mengen von Ca- und Phosphat-Ionen bei. Da Ca und Phosphat im Blut gegensinnig verändert werden, bleibt das Ionen-Produkt Ca x P meist konstant.

Viel diskutiert wird die Frage, ob die Nieren oder die Knochen primär von Parathormon beeinflußt werden. Phosphatausscheidung als erste Reaktion verringert das Ionenprodukt Ca x P. Damit wird der Knochen sekundär veranlaßt, Ca- und Phosphat-Ionen freizusetzen. Zwar wird die

Phosphatausscheidung schneller verändert als der Blut-Ca-Spiegel, trotzdem sprechen die Ergebnisse dafür, daß das Hormon weitgehend unabhängig auf beide Organe wirkt.

Im Knochen läßt sich nach Hormongaben eine verstärkte Ausdifferenzierung der Osteoklasten, der knochenabbauenden Zellen feststellen, wobei alte Knochenzonen — keine Wachstumszonen — resorbiert werden. Die Effekte lassen sich auch an Knochen in vitro erzielen, wenn embryonale Knochenteile mit Nebenschilddrüse in Organkultur gehalten werden. Dies beweist, daß es sich um einen direkten Effekt des Hormons auf die Knochenzellen handelt. Im Knochengewebe entstehen durch solche Behandlung Höhlungen, die mit fibrösem Gewebe erfüllt sind. Der Prozeß wird durch Hemmer der Proteinsynthese (Aktinomyzin D) unterbunden. Der Aufbau von Eiweißkörpern spielt also beim Knochenabbau eine große Rolle. Ferner ist beim Abbau des Knochen-Ca durch die Osteoklasten Zitronensäure beteiligt.

Parathormon wirkt in der Niere direkt auf die Nierentubuli und nicht auf die Filtrationsrate im Glomerulum. Eine interessante Parallele zum Verhalten der Tubulus-Membran wurde an isolierten Mitochondrien beobachtet. Bei diesen verursacht Parathormon eine vermehrte Phosphat-Aufnahme und K— und SO_4-Retention. Dies entspricht vollständig der Tubulus-Arbeit, wenn statt Retention Exkretion gesetzt wird. Das Nierentubulus-Epithel sezerniert aktiv das Phosphat in das Tubulus-Lumen. Dieser Sekretionsprozeß wird durch Parathormon gefördert. Die Vorgänge an isolierten Mitochondrien werden durch Hemmer der Proteinsynthese nicht unterbunden, so daß die hierbei ablaufenden Prozesse — die mit denen in den Tubulusepithelzellen vergleichbar sind — von den Vorgängen bei der Knochen-Resorption völlig verschieden sind.

Eine gewisse Wechselwirkung besteht zwischen Parathormon und Vitamin D. Dies spielt ebenfalls eine besondere

Rolle bei der Regulierung des Ca- und P-Stoffwechsels und ist wichtig für den Knochenaufbau.

Bei Säugern tritt nach Parathyreoidektomie auf Grund des herabgesetzten Ca-Spiegels im Blut nach einer relativ großen Latenzzeit starke Erregung ein, ein sogenannter „parathyreoidaler Tetanus". Das Tier scheint sich zunächst von den Krämpfen zu erholen. Schließlich werden sie aber häufiger und können durch Atemlähmung usw. zum Tode führen. Zufuhr von Ca-Ionen, die den normalen Blut-Ca-Spiegel wieder herstellen, verhindern die Erregungszustände des ganzen Nerven- und Muskelsystems. Bei den Wirbeltieren, die nicht zu den Säugern zählen, ist die Reaktion von Art zu Art sehr unterschiedlich. Die Einheit des Parathormons ist festgelegt als $^1/_{100}$ der Menge, die bei Hunden von 8—16 kg Gewicht nach 16—20 Stunden den Ca-Gehalt des Blutes um etwa 1 mg/100 ml erhöht. Eine weitere Einheitsdefinition entspricht dem 5fachen der angegebenen Einheit.

δ) Interrenalgewebe (Nebennierenrinde)

Blastemzellen, die bei allen Wirbeltieren in der Nähe der Nieren aus dem Coelomephitel (also Mesoderm) hervorgehen, entwickeln sich zu Zellen, welche die charakteristische Fähigkeit besitzen, bestimmte Steroidhormone aufzubauen und an das Blut abzugeben. Diese Zellen enthalten von einem gewissen Differenzierungsschritt an bei fast allen Wirbeltieren viel Fett. Bei manchen Fischen, bei Amphibien und höheren Wirbeltieren lagert sich dieses Gewebe, das wir allgemein Interrenalgewebe (Zwischen-Nieren-Gewebe) nennen wollen mit anderen Zellen zusammen (Adrenalzellen). Letzte entstammen peripheren Zellansammlungen des sympathischen Nervensystems. Auf Grund ihrer Anfärbbarkeit werden diese Zellen als chromaffine Zellen bezeichnet.

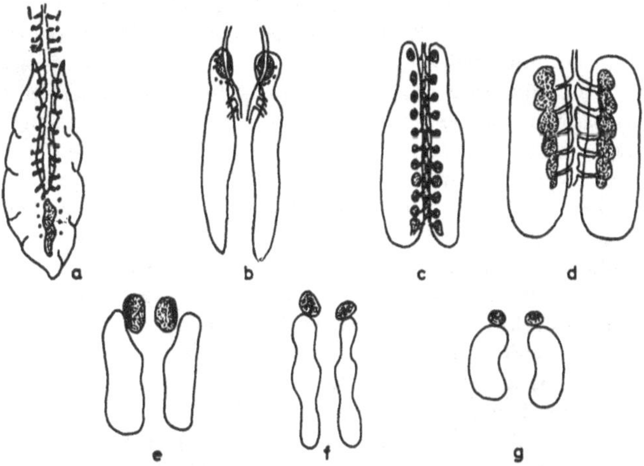

Abb. 26. Verteilung von interrenalem (dünn punktiert) und adrenalem (schwarz) Gewebe im Verhältnis zur Niere bei a) einigen Haien, b) Knochenfischen, c) Urodelen, d) Anuren, e) einigen Reptilien, f) Vögeln, g) Säugern (n. CHESTER JONES, GORBMAN u. BERN, u. a.)

Vergleichende Anatomie und Histologie

Die Verteilung von interrenalem, adrenalem und Nierengewebe bei verschiedenen Tiergruppen ist aus Abb. 26 ersichtlich. Bei Knorpel- und Knochenfischen sind interrenaler und adrenaler Teil weitgehend getrennt. Das Interrenalgewebe der Knochenfische findet sich am vordersten Teil der Niere, der Kopfniere, in der Wand der paarigen hinteren Cardinalvenen. Von GIACOMINI (1908) war dieses Gewebe ursprünglich als „anteriores Interrenalgewebe" bezeichnet worden. Kleine bei Fischen vorkommende Körperchen an der Niere, die Stanniusschen Körperchen, wurden von ihm als eigentliche Nebenniere angesehen. Diese Organe sind jedoch weder funktionell noch entwicklungsgeschichtlich mit der Nebenniere vergleichbar. (Das Sekretionsprodukt der Stanniusschen Körperchen beeinflußt wahrscheinlich Blutdruck und Exkretionsmenge der Nieren. Es ist damit für die Regulation des Wasserhaushaltes bedeutungsvoll.)

Während die Nebenniere der Urodelen noch kein kompaktes Organ darstellt, sondern sich in mehreren Gewebekomplexen entlang der Niere erstreckt, liegt das Organ bei Anuren der Niere ventral auf. Es besteht aus Zellgruppen, zwischen denen große venöse Blutlakunen liegen. Der enge Kontakt der Nebennieren mit Blutgefäßen erleichtert die Versorgung mit Vorstufen zur Steroidsynthese und die Abgabe der Sekretionsprodukte an das Blut. Bei niederen Formen ist sogar häufig ein Abstoßen von Zellen in den Blutstrom beobachtet worden. Bei diesen Zellen dürfte es sich jedoch um degeneriertes Gewebe handeln.

Die Lage der Nebenniere bei Reptilien ist unterschiedlich. Sie ähnelt bei Schildkröten der Lage bei Fischen. Bei Eidechsen findet man ähnlich wie bei Vögeln und Säugern die Drüse als bohnenförmiges Organ am vorderen Nierenende.

Histologisch besteht das Interrenalgewebe von Fischen und Amphibien aus Gruppen großer Zellen, die jeweils von Bindegewebe umgeben sind (Abb. 27). Bei niederen Wirbeltieren gibt es keine Anhaltspunkte dafür, daß im Gewebe unterschiedliche Zelltypen vorkommen, d. h. Zellen, die unterschiedliche Sekretionsprodukte bilden. Dagegen gibt es bei diesen Tieren (z. B. bei Fröschen) Zellen mit unterschiedlichem Funktionszustand. Speicherzellen mit hohem Fettgehalt liegen neben Zellen mit dichtem Cytoplasma und großen Kernen, die in stärkerem Maße Hormone synthetisieren dürften als die Nachbargruppen.

Bei Säugetieren indessen findet man deutlich abgegrenzte Gewebezonen, die sich konzentrisch um das Mark herumlagern. Die äußerste relativ dünne Zone ist die Zona glomerulosa, in der die Zellen recht dicht gepackt liegen. Dann folgen nach innen lange Zellstränge, die radiär angeordnet sind. Sie bilden die Zona fasciculata. Die innerste Zone der Rinde, die Zona reticularis, unterscheidet sich deutlich von der Fasciculata, wenn auch die Zellanordnung ähnlich ist.

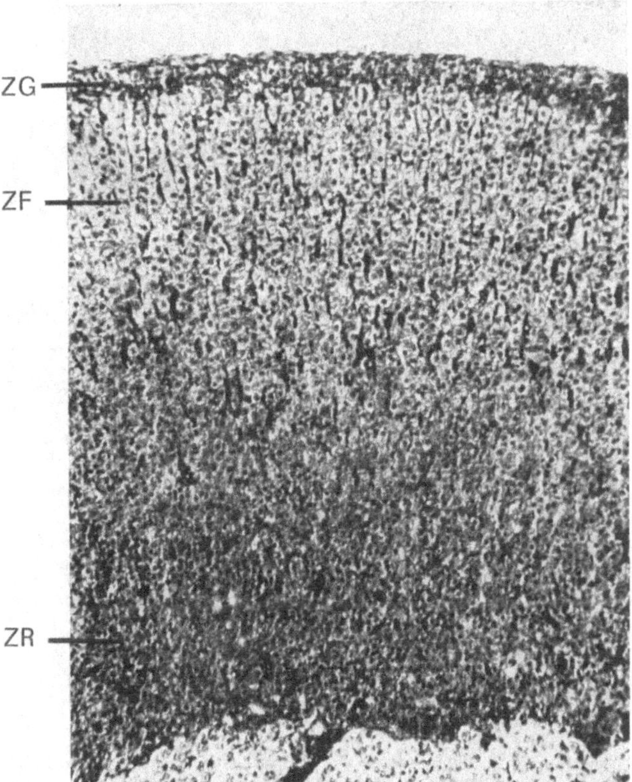

Abb. 27. a) Nebennierenrinde der Ratte. ZG — Zona glomerulosa, ZF — Zona fasciculata, ZR — Zona reticularis

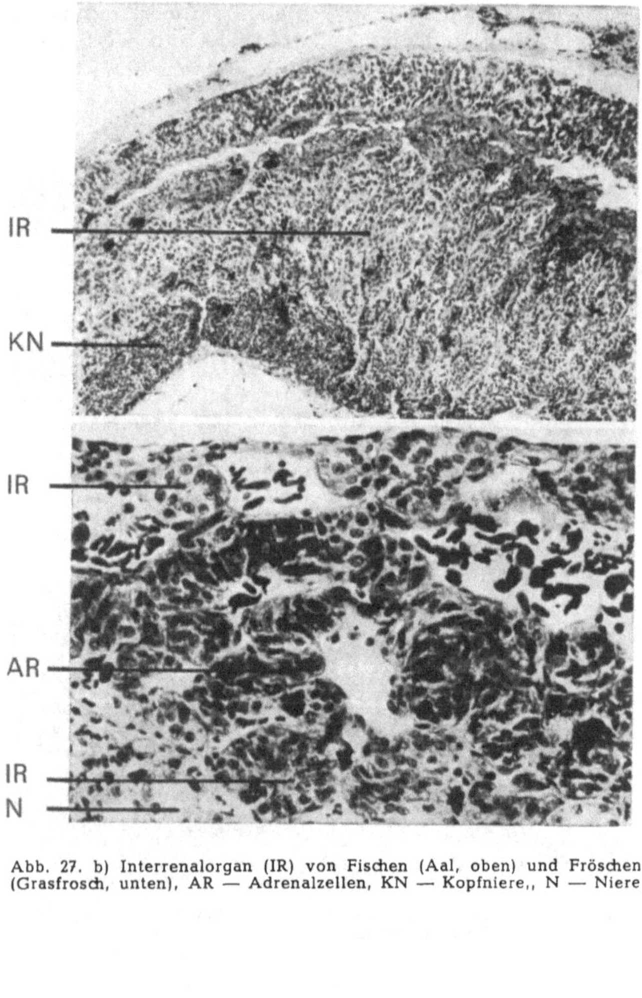

Abb. 27. b) Interrenalorgan (IR) von Fischen (Aal, oben) und Fröschen (Grasfrosch, unten), AR — Adrenalzellen, KN — Kopfniere,, N — Niere

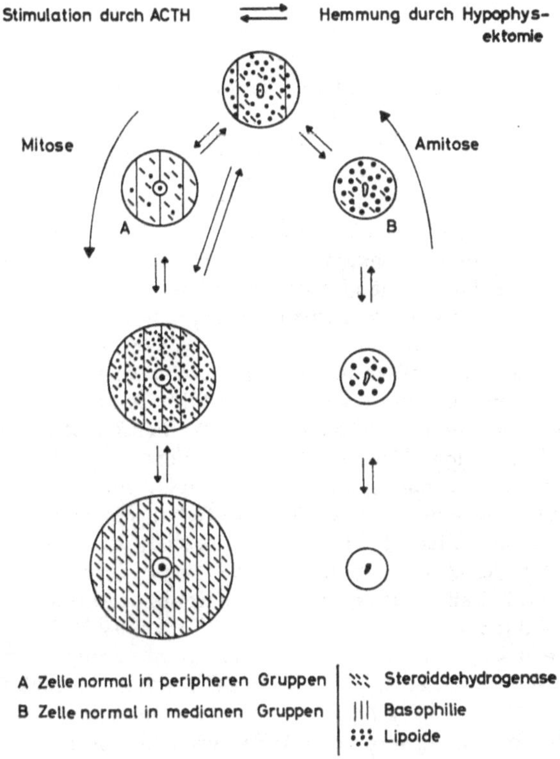

Abb. 28. Zyklus der Interrenalzellen in der Funktionsphase bei kaltblütigen Wirbeltieren (n. HANKE u. WEBER)

Funktionelle Histologie und Cytologie

Es wurde oft versucht, die histologische Struktur der Nebennierenrinde zur Deutung des Funktionszustandes zu verwenden. Im Gegensatz zur Schilddrüse wird vom Interrenalgewebe kein Hormon in wesentlichem Umfang gespeichert. Stimulation des Organs führt direkt zur Produktion und Abgabe der Hormone an das Blut. Die erhöhte Sekretion von Hormonen anhand histologischer Untersuchungen zu erfassen, ist dabei schwierig und selten eindeutig.

Das Hypophysenhormon ACTH stimuliert bekanntlich das Interrenalgewebe zu erhöhter Sekretion. Umgekehrt verringert eine Entfernung der Hypophyse die Aktivität der Drüse. Bei niederen Wirbeltieren wurden die Interrenalorgane von hypophysektomierten, normalen und ACTH-behandelten Tieren (Säuger-ACTH ist bei allen Wirbeltiergruppen wirksam) verglichen. Es sind nach ACTH-Injektion im Interrenalorgan von Fischen und Fröschen sowohl die Zellen und Zellkerne als auch die Nukleolen stark vergrößert. Parallel dazu können eine Reihe chemischer Veränderungen nachgewiesen werden. Der Fettgehalt der Zellen ist verringert. Die Steroiddehydrogenase, ein Ferment, das bei der Hormonsynthese eine große Rolle spielt, wird aktiviert. Außerdem steigt der RNS-Gehalt der Zellen. Vergleicht man hiermit das Interrenalgewebe hypophysektomierter Tiere, so wird dessen Inaktivität daran deutlich, daß die Zellen verkleinert sind, die Kerne geschrumpft und die Nukleolen undeutlich geworden sind. Das Zellfett, bestehend aus Neutralfetten, Cholesterin und anderen Lipoiden wird vermehrt, die Steroiddehydrogenase inaktiver (Abb. 28).

Elektronenmikroskopische Untersuchungen an Nebennierenzellen von Fröschen (Pehlemann, Hanke) haben ein genaues Bild der funktionellen Veränderungen ergeben (Abb. 29). Besonders auffallend ist, daß bei der Stimulation der Zellen die Mitochondrien (m) stark vermehrt und verändert werden. Die Lumina ihrer Tubuli (röhrenförmige Einstülpungen, die die innere Oberfläche vergrößern und als Sitz der Fermente betrachtet werden) werden breiter, ein Anzeichen für erhöhte Aktivität. Um die Mitochondrien bildet sich ein glattes endoplasmatisches Retikulum aus, wahrscheinlich der Ort der Hormonsynthese. Die Fettvakuolen, die in weniger stimulierten Zellen elektronenleer erscheinen (ll), enthalten nach der Stimulation eine elektronendichte, vielleicht proteinhaltige, Masse (ld). Um diese Vakuolen liegt ebenfalls endoplasmatisches Retikulum. Die Zelloberfläche ist im weniger stimulierten Zustand stark gefaltet (mv). An den Lysosomen (Träger der autolysierenden Zellfermente, ly) treten ebenfalls mit der Stimulation starke Veränderungen auf.

Diskutiert man die cytologischen Veränderungen in Interrenalzellen mit biochemischen Befunden, so ergibt sich etwa folgendes Bild (Abb. 29): Kern- und Nukleolenvergrößerung sind wichtig, da der Kern den Aufbau von Mitochondrien, glattem endoplasmatischem Retikulum und freien Ribosomen steuert. In einer solchen synthesebereiten Zelle werden dann die Hormonvorläufer von den Vakuolen zur Umgebung der Mitochondrien verlagert. In und um die Mitochondrien laufen verschiedene Syntheseschritte ab. Mitochondrien stellen Energieträger, Cofaktoren usw. bereit. Die fertigen Hormone werden alsdann vielleicht mit Trägersubstanzen in den Vakuolen kurz gespeichert oder gelangen sofort in die Blutbahn.

Die Säugernebenniere zeigt einige funktionelle Besonderheiten. Mit normalen physiologischen Dosen von ACTH wird nur die Zona fasciculata beeinflußt. Sie wird vergrößert und stärker durchblutet. Eine beachtenswerte Hypothese (Tonnutti) sagt aus, daß die äußere und innere Region der Fasciculata, also die Übergangszone zur Glomerulosa und Reticularis, wie auch diese Zonen selbst Transformationsfelder darstellen. Diese wandeln sich nach Stimulierung und Bedarf in Fasciculata-Gewebe um. Es ist bekannt, daß bei Säugern auf ACTH vor allem Cortisol und Corticosteron (Glucocorticoide) vermehrt sezerniert werden und daß nur ein feed back-Mechanismus zwischen ACTH und Glucocorticoiden besteht. Man vermutet daher, daß die Glucocorticoide in erster Linie in den Zellen der Fasciculata gebildet werden.

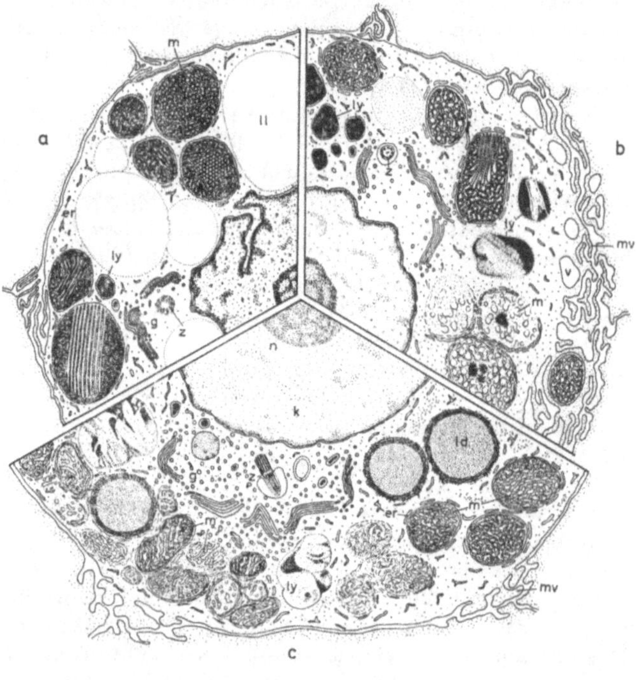

Abb. 29. Schema der Feinstruktur-Veränderungen in der Interrenalzelle von Fröschen bei unterschiedlicher Aktivität (n. PEHLEMANN u. HANKE). a) nach Hypophysektomie, b) im Normalzustand, c) nach ACTH-Behandlung. Erklärung der Abb. im Text (mit Genehmigung des Springer-Verlags).

Reaktionen der Zona glomerulosa auf Verschiebungen des Elektrolytgleichgewichtes im Körper legen die Annahme nahe, daß in dieser Zone bevorzugt Aldosteron (ein Mineralocorticoid) gebildet wird.

Neben den bereits erwähnten histochemischen Reaktionen haben sich Veränderungen im Vitamin C-Gehalt als wichtiges Kriterium für Zellfunktionen herausgestellt. Nach ACTH-Injektionen verringert sich Vitamin C sehr stark in der Nebennierenrinde. Diese Reaktion wurde als Test auf ACTH bereits genannt und dient gleichzeitig als Index für die Nebennierenrindenaktivität.

Biosynthese der Nebennierensteroide

Die Interrenalzellen produzieren Hormone, die zur Gruppe der Steroide zählen. Mehrere solcher Steroide wurden aus Nebennierenextrakt isoliert. Auf Grund ihrer Funktion unterscheidet man solche, die bevorzugt auf den Kohlenhydratstoffwechsel wirken (Glucocorticoide) und solche, die Wasser- und Elektrolythaushalt beeinflussen (Mineralocorticoide).

Es wurden außerdem Verbindungen isoliert, die den Gonadenhormonen ähnlich sind: androgene, oestrogene und gestagene Steroide. Ihr Entstehen in der Nebennierenrinde erklärt sich daraus, daß entwicklungsgeschichtlich Gonaden und Rinde aus homologem Blastem hervorgehen und daß bei der Biosynthese aller hormonalen Steroide ähnliche Schritte durchlaufen werden. Wir wollen diese letzten Gruppen hier vernachlässigen. Abb. 30 erläutert die Biosynthese (stark vereinfacht dargestellt) der drei wichtigsten Verbindungen: Cortisol, dem wichtigsten Glucocorticoid, Corticosteron mit Glucocorticoid- und relativ starker Mineralocorticoid-Wirkung, und Aldosteron, das hauptsächlich als Mineralocorticoid anzusprechen ist.

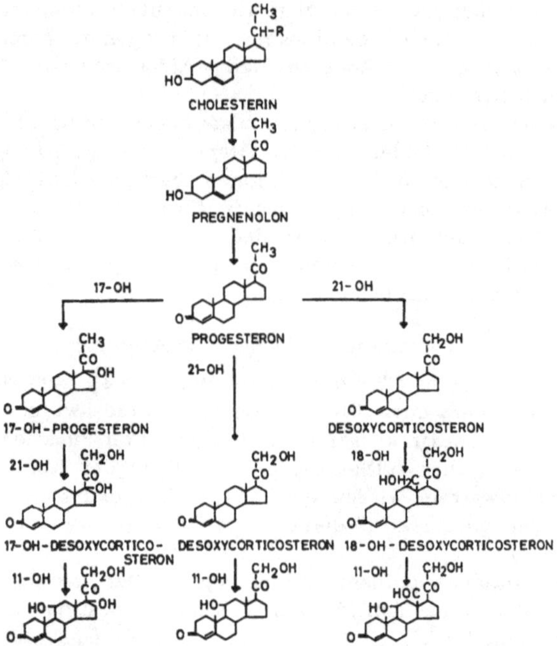

Abb. 30. Biosynthese der Nebennierensteroide (möglicher Biosyntheseweg)

Wirkung der Corticosteroide auf den Osmomineral-Haushalt

Adrenalektomie führt bei den meisten Wirbeltieren zum Tode, wenn sie vollständig ausgeführt wird. Bei Säugern steigt nach der Operation der K^{+}-Gehalt des Blutes stark an, der Na^{+}-, Cl^{-}- und HCO_3^{-}-Spiegel dagegen sinkt. Die Permeabilität der Zellen wird also dahingehend geändert, daß K^+ aus den Zellen austritt. Die Verringerung des Na^+-Gehaltes im Blut erklärt sich durch vermehrte Na^+-Exkretion. Parallel dazu kommt es zu höherer Wasserausscheidung. Tabelle 6 faßt einige Effekte der Corticosteroide auf den Osmomineralhaushalt zusammen. Beobachtet man diese vergleichend bei allen Tiergruppen, so findet man eine Erhöhung des Na-Ionen-Transportes nicht nur in der Niere sondern auch an der Krötenblasenwand, in den Fischkiemen und der Nasendrüse bestimmter Vögel. Besonders an der Krötenblase wurde der Durchtritt genauer untersucht. Aldosteron regt in den Zellen einen verstärkten Transport des Na^+ gegen ein osmotisches Gefälle an. Dies erfordert Energie, Fermente und den Aufbau des Transportsystems selbst. Dabei ist sicherlich wieder der Mechanismus Kern-DNS → RNS → Proteinsynthese beteiligt.

Tabelle 6

Mineralo-Corticoid-Wirkung von Nebennierenrinden-Hormonen

Renale Effekte:

Erhöhung der Resorption von Na^+ und Cl^- aus dem proximalen Tubulus, von Na^+ ebenso aus dem distalen

Osmotischer Wasserausstrom aus dem Tubulus (in den Körper)

Verhinderung der K^+-Resorption im Tubulus

Erhöhung des Na^+-Gehaltes im Blut und in den Muskeln

Erniedrigung des K^+-Gehaltes im Blut und in den Muskeln

Hauteffekte bei Amphibien:

Stimulation des aktiven Na^+-Transportes durch die Froschhaut und Krötenblasenwand (von außen nach innen)

Osmotische Wasseraufnahme durch die Froschhaut und Krötenblasenwand wird erhöht

Extrarenale Effekte bei verschiedenen Tiergruppen:

Erhöhung der Na^+-Ausscheidung durch die Kiemen bei Fischen (Cortisol)

Erhöhung der Na^+-Ausscheidung durch die Salzdrüse bei Vögeln (Cortisol)

Veränderung der Rectaldrüsenfunktion bei Selachiern
Gegensätzliche Effekte bei Amphibien:
Verhinderung starker Wasseraufnahme durch die Froschhaut
Verhinderung übermäßiger Wasseraufnahme und -akkumulation im Gewebe

Nicht bei allen Tiergruppen wirkt Aldosteron als wesentlichstes Mineralocorticoid wie bei Säugern. Die Na^+-Exkretion durch Fischkiemen, die Nasendrüse der Vögel oder die Rectaldrüse der Knorpelfische — alles extrarenale Exkretionssysteme — werden durch Cortisol angeregt. Bei diesen Gruppen wirkt also Cortisol als Mineralocorticoid.

Darüber hinaus darf nicht vergessen werden, daß der K-Na-Austausch wahrscheinlich in allen Körperzellen durch Corticosteroide reguliert wird. CHESTER JONES vertritt die Ansicht, daß dies der primäre biologische Effekt der Nebennierenrindenhormone sein könnte, von dem sich erst sekundär die Regulation des Kohlenhydratstoffwechsels ableitet.

Wirkung der Glucocorticoide auf den Stoffwechsel

Tabelle 7 gibt die Stoffwechselveränderungen wieder, die beim Säugetier durch Glucocorticoide verursacht werden. Sie sind allgemein als Folgeerscheinungen einer Stimulation der Gluconeogenese aufzufassen. Gluconeogenese bedeutet, daß Protein oder Fett in Kohlenhydrate umgebaut und dadurch gleichzeitig der Blutzuckerspiegel erhöht wird (Steroid-Diabetes). Die charakteristischen Anzeichen dieser Stoffwechselumlagerung, die Erhöhung von Blutzucker, Leber- und Muskelglykogen, sind bei Vertretern fast aller Wirbeltiergruppen nachgewiesen worden. Allerdings ist das Ergebnis — wie es z. B. eindeutig von Fröschen nachgewiesen wurde (HANKE u. a.) — abhängig von der jahreszeitlich bedingten Stoffwechsel-Gesamtsituation (Winterschlaf, Laichzeit usw.).

Unter Cortisol-Einfluß wurde in den Leberzellen der Säugetiere eine erhöhte Synthese von RNS, vom Kern ausgehend, nachgewiesen. Bestimmte Fermente wie Tryptophan-Pyrrolase, Tyrosin-Transaminase werden dabei aktiviert. Die Veränderung der Eiweißsynthese, der Aufbau weiterer Fermente, die für die Gluconeogenese verantwortlich sind, und weitere Reaktionen sind dann Folgeprozesse dieses zellularen Wirkungsmechanismus.

Tabelle 7

Biologische Wirkung von Glucocorticoiden bei Säugetieren

Wirkungen auf den Stoffwechsel:
Hyperglycaemie und Glucosurie bei den meisten Säugern
Speicherung von Leber-Glykogen
Absinken des Muskel-Proteins
Absinken der Menge an Muskelgewebe
Anstieg der N- und K-Ausscheidung
Anstieg des Wassergehaltes im Muskel
Hemmung des Körperwachstums und Antagonismus zum STH
Vermehrung des Körperfettes
Leberhypertrophie mit Anstieg des Leberfettes
Vermehrung der Ketokörper im Blut und Harn

Mesenchymhemmung und Stress-Reaktion:
Entzündungshemmende Wirkung
Verdünnung der Epidermis, Atrophie der Talgdrüsen und Haarfollikel
Veränderung von Thymus und Lymphknoten mit Abnahme der Lymphocyten
Verzögerung der Chondrogenese und Osteogenese in der Epiphyse der Tibia
Verbesserung der Abwehrbereitschaft gegen unspezifische Reize
Absinken der Eosinophilen-Zahl
Verminderung der Magen-Salzsäure und Pepsin-Sekretion
Absinken der Aktivität der alkalischen Phosphatase im Plasma

Mesenchymeffekte, Stress- und Adaptationsmechanismus

Eine Verzögerung der Chondro- und Osteogenese, eine Verdünnung der Epidermis und Schwächung des Hautbindegewebes sind Effekte, die darauf hindeuten, daß Glucocorticoide beim Sänger Mesenchymreaktionen und Bindegewebsbildungen hemmen bzw. unterbinden (Tab. 7). Auch Entzündungen, die vom Bindegewebe ausgehen, werden verhindert. Dies beruht darauf, daß diese Hormone über einen noch ungeklärten Mechanismus die Vermehrung von Mesenchymzellen im reticuloendothelialen System zum Stillstand bringen. Dadurch wird zwar bei Wunden ein Verschluß verzögert, jedoch auch verhindert, daß eine starke Narbe zurückbleibt, da die Proliferation der Wundzone gehemmt wird.

Die mesenchym-hemmende Wirkung wird therapeutisch dazu ausgenutzt, Entzündungen abklingen zu lassen (Cortisolsalben).

Solche Mesenchymeffekte sind bisher im wesentlichen bei Säugern beschrieben. Eine Hemmung der Wundheilung durch Cortisol wurde z. B. bei Amphibien nicht entdeckt. So dürfte es sich dabei wohl um Sekundäreffekte handeln, die hauptsächlich bei höheren Wirbeltieren auftreten.

Außer diesen Hemmwirkungen auf das Mesenchym sind bei Säugetieren Corticosteroide von besonderer Bedeutung füı das „Allgemeine Adaptationssyndrom" (Selye). In den Mittelpunkt des Interesses wurde die Nebennierenrinde durch die Erkenntnis gerückt, daß ihr eine besondere Bedeutung bei Abwehrreaktionen des Organismus gegenüber Belastungen zukommt. Bei der Einstellung eines höheren Organismus auf ungünstige äußere Bedingungen, fortgesetzte Verletzungen oder Einwirkungen von schädlichen Verbindungen — die Gesamtheit wird kurz als „Stress" bezeichnet — wird der Widerstand des Körpers durch erhöhte Nebennierenrindensekretion aufrechterhalten oder zumindest unterstützt. Der Stress bewirkt zunächst eine Alarmreaktion, bei der ACTH plötzlich vermehrt ausgeschüttet und damit die Nebennierenrinde zur verstärkten Hormonabgabe angeregt wird. Es kommt zwar kurzfristig zum Schock, bei dem die Widerstandskraft etwas absinkt, dann aber zur Gegenreaktion durch vermehrte Steroidausschüttung. Auf die Alarmreaktion folgt also das Stadium des Widerstandes gegen die Belastung. Während dieser Zeit liegt im Blut eine erhöhte Menge von Steroidhormonen vor, die über sehr verschiedenartige Mechanismen die Abwehrkraft stärken. Bei langer Einwirkung des Stressors kann es zum Erschöpfungsstadium kommen. Da die Drüsenarbeit auf starken Nachschub von Hormonvorstufen, Energieträgern u. a. angewiesen ist, kann die Nebennierenrinde Steroide nicht mehr in genügender Menge synthetisieren. In diesem Erschöpfungsstadium kann Tod durch Erlahmen der Widerstandskraft eintreten.

Medizinisch wichtig ist, daß eine anhaltende Überproduktion von Corticosteroiden schädigende Wirkung auf andere Organe des Körpers ausüben kann. Man spricht von Adaptationskrankheiten (Nephrosklerose, rheumatischer Arthritis, Gefäßkrankheiten usw.).

Dieses Konzept des „Stress" kann wahrscheinlich nur begrenzt auf alle Wirbeltiergruppen ausgedehnt werden. Bei den übrigen Tiergruppen ist zumindest nicht eindeutig bewiesen, welche Stressoren ACTH-Ausschüttung oder Nebennierenrindensekretion anregen und damit ein allgemeines Adaptationsgeschehen im Sinne des Dargestellten auslösen. Andererseits spielt das Interrenalorgan bei biologischen Anpassungsprozessen im gesamten Tierreich eine wichtige Rolle.

Einen interessanten Aspekt bietet das Konzept des „Stress" bei der Regulation der Populationsdichte. Vermehren sich freilebende Säugetiere in einem gegebenen begrenzten Areal über eine von Art zu Art unterschiedliche Anzahl von Individuen, erhöht sich also die Populationsdichte über ein gewisses Maß, so bewirkt dieser Populationsdruck einen Dauer-Stress. Dieser ist morphologisch in einer Vergrößerung des Nebennierengewichtes nachweisbar. Es ließt sich auch beobachten, daß in einer sozialen Hierarchie die Inhaber der höheren Ränge kleinere Nebennieren haben als die niedriger eingestuften. Der Dauer-Stress, hervorgerufen durch den sozialen Druck in der Population, führt zu einer Schwächung der Adaptationsfähigkeit. Mit diesen Fakten erklärt man den häufig beobachteten Zusammenbruch übergroßer Populationen von Lemmingen, aber auch von Kaninchen und Wühlmäusen (CHRISTIAN).

Evolution der Hormonwirkung

Zwei Probleme kennzeichnen die phylogenetische Betrachtung der Wirkung von Nebennierenrinden-Hormonen: 1. Welche Corticosteroide treten in den verschiedenen Tierklassen auf und 2. Welche Wirkungen haben sie dort.

Aldosteron ist mit Sicherheit von der Stufe der Amphibien ab nachgewiesen. Bei Fischen liegen wenige Hinweise dafür vor, daß es sezerniert wird. Da aber Aldosteron bereits immer in sehr geringer Konzentration starke Wirkungen hervorruft, entzieht es sich leicht der chemischen Nachweisbarkeit.

Im Blut der meisten Tiergruppen von Cyclostomen bis Säugern ist Corticosteron nachweisbar. Cortisol ist hauptsächlich bei Fischen und Säugern vertreten. Bei Amphibien, Reptilien und Vögeln ist bei einzelnen Vertretern Cortisol bekannt geworden, dürfte aber auch bei einigen Arten fehlen.

Bereits auf niederer Stufe der Wirbeltierentwicklung beeinflussen die Corticosteroide den Osmomineralhaushalt und Kohlenhydratstoffwechsel. Daraus ist abzuleiten, daß die Wirkungen auf beide Stoffwechselbereiche eine Einheit bilden. Erst bei den höheren Wirbeltieren kommt es zu einer allmählichen Trennung dieser Funktionen. Noch bei Fröschen fällt auf, daß Aldosteron mindestens ebenso „gluconeogenetisch" wirkt wie Cortisol und Corticosteron. Bei vielen Fischen dagegen spielt wohl Cortisol die beherrschende Rolle im Mineralstoffwechsel. Allerdings haben auch beim Säugetier die sogenannten Glucocorticoide Nebenwirkungen auf den Mineralhaushalt und umgekehrt.

Die Mesenchymwirkung der Glucocorticoide dürfte erst phylogenetisch spät erreicht worden sein. Diese Effekte sind im wesentlichen nur von Säugern bekannt.

ε) Adrenales Gewebe (Nebennierenmark)

Das adrenale Gewebe, das aus Neuronen des sympathischen Nervensystems entsteht, besitzt eine charakteristische Färbeeigenschaft. Es wird in lebensfrischem Zustand und nach geeigneter Fixierung durch Chromsäure oder Bichromate braun angefärbt. Man nennt es deshalb chromaffines Gewebe. Diese Eigenschaft beruht auf der Gegenwart von Katecholaminen (Tyrosinderivaten). Es ist gelungen durch Färbeverfahren zwei Zelltypen zu unterscheiden. Diesen wird die Produktion unterschiedlicher Hormone, Adrenalin und Noradrenalin (Arterenol) zugeschrieben. Chemisch enthält Adrenalin eine endständige CH_3-Gruppe, die dem Noradrenalin fehlt:

$$\begin{matrix} OH \\ OH \end{matrix} > C_6H_3—CHOH—CH_2—NH—CH_3$$

Adrenalin

$$\begin{matrix} OH \\ OH \end{matrix} > C_6H_3—CHOH—CH_2—NH_2$$

Noradrenalin

Adrenale Hormone, biologische Wirkung und Wirkungsmechanismus

Die Entdeckung des Adrenalins durch Oliver und Schäfer im Jahre 1896 wurde durch die Tatsache ermöglicht, daß relativ große Mengen Hormon in dem Organ gespeichert sind und so ein wirksamer Extrakt leicht gewonnen werden kann.

Erst fast 50 Jahre nach der Entdeckung des Adrenalins wurde festgestellt, daß ein zweites Hormon, Noradrenalin, ebenfalls im Nebennierenmark gebildet wird und hauptsächlich dieses als Überträgerstoff der postganglionären sympathischen Faser zu betrachten ist (von Euler).

Adrenalin ist in den Nebennieren der meisten Säuger häufiger als Noradrenalin. Wale bilden hierbei eine Ausnahme; ihre Nebennieren enthalten mehr als 80 % Noradrenalin. Auch bei Huf- und Raubtieren und vor allem bei den Nicht-Säugern kann Noradrenalin mehr als die Hälfte der Sekretionsprodukte ausmachen.

Die Sekretion der Hormone aus dem Mark wird reguliert durch sympathische Nervenfasern, die adrenalin- und noradrenalinerzeugende Zellen wahrscheinlich getrennt innervieren. Die Reizung dieser Zellen bewirkt eine Ausschüttung der Hormone. Als Reize wirken dabei Schmerzen, Erregung, niedere Temperaturen und Muskelaktivität. Die Hormonausschüttung ist somit recht unspezifisch. Die Wirkung der beiden Hormone ist keineswegs gleich. Tabelle 8 gibt eine Übersicht der Effekte.

Die Verteilung des Blutes im Organismus wird also durch eine Abstimmung der prozentualen Anteile beider Hormone reguliert. Die Blutdruckerhöhung durch Adrenalin beruht hauptsächlich auf erhöhtem Ausstoßvolumen des Herzens, die durch Noradrenalin resultiert aus peripherer Gefäßverengung. Das „Erröten" bei psychischer Erregung ist hierauf zurückzuführen.

Tabelle 8

Wirkungen von Adrenalin und Noradrenalin

	Adrenalin	Noradrenalin
Pulsfrequenz	beschleunigt	verzögert
Blutdruck	Anstieg	starker Anstieg
periphere Gefäße	oft verengt	geringere Verengung
Muskelgefäße	erweitert	verengt
totaler peripherer Kreislaufwiderstand	starker Anstieg	Absinken
Stoffwechsel	Erhöhung	leichte Erhöhung
Blutzucker	Steigerung	leichte Steigerung
Eosinophilen-Zahl	Anstieg	kein Effekt
Sauerstoff-Verbrauch	Anstieg	kein Effekt

Neben der Wirkung auf die Blutverteilung ist der bedeutsamste Effekt von Adrenalin ein stoffwechselbeeinflussender. Er beruht auf der Freisetzung von Glukose aus Leberglykogen. Dadurch steigt der Blutglukose-Spiegel an. Hierzu aktiviert Adrenalin das Phosphorylase-System, das Glykogen phosphoryliert und Glukose-1-Phosphat bildet. Dabei wird inaktive Leber-Phosphorylase (Phosphorylase b) in aktive Phosphorylase (Phosphorylase a) verwandelt:

$$\text{Phosphorylase b} + 2\ \text{ATP} \rightarrow \text{Phosphorylase a} + 2\ \text{ADP}$$

Damit diese Reaktion abläuft, muß ein Enzym (Dephosphorylase-Kinase), Mg-Ionen und zyklisches Adenosin-3',5'-monophosphat vorhanden sein. Letztes entsteht aus ATP unter Mitwirkung von Adrenalin:

$$\text{ATP} \xrightarrow[\text{Mg}^{++},\ \text{Adrenalin}]{\text{Adenylcyclase}} \text{zyklisches } 3',5'\text{-AMP}$$

Damit ist der Angriffspunkt des Adrenalin klar. Man weiß jedoch wenig darüber, wie die Adenylcyclase durch Adrenalin aktiviert wird.

Betrachtet man die zentrale Bedeutung des zyklischen AMP bei der Adrenalinwirkung, so stellen sich zwei Fragen: 1. Erklärt die Bildung dieses Mittlerstoffes alle biologischen Wirkungen von Adrenalin und 2. Reagieren alle Gewebe in dieser Form auf Adrenalin-Einfluß. Die Glykogenolyse im Leber- und wohl auch im Muskelgewebe verläuft unter Mitwirkung von diesem AMP. Es spielen dabei jedoch Gewebespezifitäten mit. Die Reaktion läuft sicher nicht in allen Gewebeformen auf die dargestellte Weise ab. Möglicherweise erklärt sich auch die Wirkung des Adrenalins auf Herzschlag und Herzarbeit mit Veränderungen der Glykogenolyse.

Die Bildung von zyklischem AMP durch Hormonmoleküle ist ein Wirkungsmechanismus, dessen universelle Bedeutung weiter untersucht werden muß (Kap. C).

ζ) Inselsystem der Bauchspeicheldrüse

Die Wichtigkeit der Regulation des Blutzuckergehaltes bei Menschen und Tieren ist schon sehr lange erkannt. Krankhafte Erhöhung des Blutzuckers, Verringerung der Speicherfähigkeit von Glykogen in der Leber und Ausscheidung von Zucker im Harn wird Diabetes mellitus (honigsüße Ausscheidung) genannt. Es wird hierbei nicht nur der Kohlenhydratstoffwechsel verändert sondern auch der Protein- und Fetthaushalt, da diese Nährstoffe dann vermehrt als Energiequelle herangezogen werden. Die Ursache dieser Stoffwechselveränderungen wurde erstmals von Minkowski (1889) entdeckt, als er aus anderen Gründen bei Hunden die Bauchspeicheldrüse entfernte und dabei zufällig die starke Zuckerausscheidung im Harn beobachtete.

Erst etwa 40 Jahre nach der Entdeckung, daß die Bauchspeicheldrüse eine Blutzucker-senkende Wirkung ausübt, und fast 10 Jahre nach Isolation eines aktiven Extraktes (Insulin) durch BANTING und BEST, haben MACLEOD und COLLIP nachgewiesen, daß ein Pankreas-(Bauchspeicheldrüsen-) Extrakt auch den Blutzucker erhöhen kann. Man führte dies auf ein zweites Hormon, Glucagon genannt, zurück, das inzwischen auch isoliert und dessen chemische Struktur aufgeklärt ist.

Vergleichende Histologie

Die Bauchspeicheldrüse ist eine zum größten Teil exokrine Drüse, die Verdauungsenzyme produziert und diese in das Darmlumen abgibt. Meistens ist die Drüse, die sich aus zwei Darmtaschen, Aussackungen des Duodenum, bildet, in drei Teile gegliedert: den Kopfteil nahe dem Duodenum, den Hauptteil und den Milzteil. Histologisch ist das innersekretorisch tätige Gewebe im Pankreas leicht von exokrinen Zellen zu unterscheiden. Zwischen den großen in Schläuchen angeordneten Drüsenzellen, deren Sekret erst zu einem Gang und durch ihn zum Darm geführt wird, liegen Inseln von Drüsenzellen, die zu keinem Ausführungsgang Verbindung aufnehmen. Solche Inseln wurden zuerst von LANGERHANS (1869) beschrieben (Langerhans-Inseln).

Das Inselgewebe der Bauchspeicheldrüse besitzt histologisch embryologisch und funktionell gewisse Ähnlichkeiten mit den Entstehungsorten der Gewebehormone im Magen-Darmgebiet.

Die Verwendung besonderer Färbeverfahren, ursprünglich Orange G-Gentianaviolett, dann Gomoris Aldehydfuchsin-Technik, Silber-Imprägnation, Behandlung mit Pseudoisocyanin, ermöglichte die Identifizierung von zwei bis drei Zelltypen, α- und β-Zellen und wahrscheinlich auch δ-Zellen. Untersuchungen — auf die noch eingegangen wird

— haben deutlich gemacht, daß α-Zellen Glucagon, β-Zellen Insulin produzieren. Die Deutung der δ-Zellen ist schwierig; sie könnten besondere Funktionstadien oder der Syntheseort eines dritten Pankreashormons sein.

Die Inselzellen der Cyclostomen entwickeln sich aus dem Epithel des vorderen Darmabschnittes in der Nähe der Gallengänge. Sie bleiben in der Submucosa der Darmwand liegen und reagieren auf Glucose-Behandlung ähnlich wie die Inselzellen im Pankreas höherer Tiere. Eine Bauchspeicheldrüse ist bei diesen primitiven Formen nicht ausgebildet. Die Lage der Produktionsstätte ist hier also die gleiche wie die der gastrointestinalen Hormone.

Bei Fischen ist in Verbindung mit dem weit verteilten Pankreas auch eine diffuse Verteilung des Inselsystems nachgewiesen. Bei vielen Formen sind kleine Körperchen festgestellt worden (Brockmannsche Körperchen, Hauptinseln, Sekundär-Inseln), die zum Teil nur aus endokrinem Gewebe bestehen. Bei Lophius piscatorius wird eine solche Hauptinsel bis erbsengroß.

Bei den übrigen Wirbeltieren kann es im exokrinen Pankreasgewebe an einzelnen Stellen zur Konzentration von Inseln kommen. Bei Schlangen besitzt besonders die dorsale Anlage des Pankreas konzentriertes Inselgewebe. Das Pankreas mancher Vögel soll im ventralen Teil weniger und kleinere Inseln enthalten als im dorsalen. Bei der Taube enthält das Milzsegment besonders viele Inseln.

Im Inselgewebe aller Tiergruppen oberhalb der Cyclostomen sind alle Zelltypen nachgewiesen. Beim Schleimfisch Myxine (Cyclostomata) sind zwar mit Sicherheit β-Zellen erkannt worden, es ist jedoch fraglich, ob der zweite Zelltyp dem der α-Zellen entspricht. Bei Fischen sind α- und β-Zellen vorhanden. Von Urodelen wurde vermutet, daß nur β-Zellen vorkommen. Es wird aber inzwischen für wahrscheinlich gehalten, daß zwar die β-Zellen an Zahl überwiegen, α-Zellen jedoch auch da sind. Während bei Fröschen — ebenso wie bei Säugern — β-Zellen zahlreicher sind, gibt es bei Vögeln und Reptilien oft mehr α-Zellen. Möglicherweise bedingt die unterschiedliche Verteilung verschiedenartige Empfindlichkeit gegen Insulin oder Glucagon.

Histophysiologie

Die β-Zellen, die alkohollösliche Granula enthalten, verändern ihre histologische Struktur nach Injektion großer Glucosemengen. Nach Behandlung mit Alloxan, einem Oxydationsprodukt der Harnsäure, weisen die β-Zellen starke Degenerationen auf. Gleichzeitig kommt es zum Diabetes mellitus (Alloxan-Diabetes). Dies beweist, daß die β-Zellen Insulin sezernieren müssen. In den α-Zellen findet man alkohol-unlösliche Einschlüsse. Diese Zellen sind mit Kobaltchlorid oder Synthalin A (Decamethylendiguanidin-dihydrochlorid) auszuschalten. Die Ausfallserscheinungen nach Zerstörung der α-Zellen sind nicht immer eindeutig. Es spricht jedoch alles für eine Synthese von Glucagon in den α-Zellen.

Histologische Kriterien wie Kern- und Nukleolenvergrößerung, Veränderung der Zellgestalt, Degranulation, Kontakt mit Kapillaren sind Anzeichen für verstärkte Aktivität der Inselzellen. Hiermit konnte man eine jahreszeitliche Aktivitäts-Periodik freilebender Tiere ermitteln. Sie läuft oft für α- und β-Zellen parallel, was für den Wirkungsmechanismus bedeutungsvoll ist.

Insulin

Chemie. Insulin wurde vor wenigen Jahren erstmals synthetisch hergestellt. Es ist ein Eiweißhormon, das aus zwei Polypeptidketten besteht. Insulin A mit 21, Insulin B mit 30 Aminosäureresten. Insulin verschiedener Tiergruppen zeigt geringfügige Abweichungen in einzelnen Aminosäuren. Die Veränderungen im Molekül sind aber in der Regel so unbedeutend, daß keine deutlichen artspezifischen Wirkungen nachgewiesen werden konnten. Auch Insulin-Antikörper reagieren immunologisch mit allen bekannten Insulinen.

Nachweis. Zur Erforschung der biologischen Wirkung und aus medizinischen Gründen sind Nachweisverfahren für Insulin sehr wichtig. Eine Methode verwendet isoliertes epididymales Rattenfettgewebe. Diesem Gewebe wird in vitro ^{14}C-Glucose (Glucose markiert mit radioaktivem Kohlenstoff) geboten. Es bildet daraus ^{14}C-CO_2. Die radioaktiv markierten Substanzmengen lassen sich leicht bestimmen. Nach Insulinzusatz erhält man höhere Stoffumsätze als Maß für die Insulinaktivität (insulin-like activity, ILA).

Eine weitere Methode ist ein radioimmunologisches Verfahren. Der Eiweißkörper Insulin lagert Jod — im speziellen Falle radioaktives ^{131}J — fest an und wird damit selbst markiert. Antikörper gegen Insulin von Kaninchen und markiertes Insulin werden der Probe, deren Insulingehalt bestimmt werden soll, zugesetzt und aus der Gleichgewichtsreaktion die Menge natürlichen Insulins der Probe berechnet (immunologisches Insulin, IMI). Die beiden Methoden führen oft nicht zu absolut übereinstimmenden ILA- und IMI-Werten, weil Begleitsubstanzen in der natürlichen Lösung stören.

Wirkung und Wirkungsmechanismus. Insulin gehört zu den wichtigsten Stoffwechsel-Regulatoren des Wirbeltierorganismus. Die wesentlichsten Wirkungen auf den Stoffwechsel lassen sich in 4 Punkten zusammenfassen: 1. Verstärkung der Umwandlung von Glucose in Speicherglykogen in Leber und Muskel, 2. Vermehrte Aufnahme und Abbau von Glucose im peripheren Gewebe, 3. Erhöhte Umwandlungsrate von Kohlenhydraten in Fette, 4. Verstärkte Proteinsynthese.

Im Laufe der Zeit hat die moderne Endokrinologie diese Effekte durch die verschiedensten Theorien über den Wirkungsmechanismus zu erklären versucht. Angeregt durch Untersuchungen von C. u. G. Cori über die Fermentabhängigkeit der Veratmung von Glucose bestand zunächst die Vorstellung, daß das Hormon ein Ferment, die Hexokinase, aktiviert, die den ersten Schritt bei der Glucosespaltung katalysiert. Damit wäre ein stärkerer Verbrauch von Glucose in der Zelle der wesentlichste Prozeß. Diese Hypothese wurde abgelöst durch eine Vorstellung, die durch Untersuchungen von Levine u. a. untermauert wurde. Der begrenzende Faktor für den Glucoseverbrauch in einer Zelle ist danach nicht die Hexokinase-Aktivität sondern die Permeations-Geschwindigkeit der Zuckermoleküle durch die Zellmembran. Insulin erhöht die Permeabilität für bestimmte Monosaccharide, Hexosen und Pentosen. Damit erklärt sich, warum nicht grundsätzlich alle Zucker stärker veratmet werden, wenn Insulin anwesend ist. Abb. 31 erläutert kurz den Abbauweg und den Angriffspunkt der Regulationsmöglichkeiten. Danach muß in der Leberzelle mit erhöhtem Glucose-Abbau auch die Glykogen-Synthese verstärkt werden.

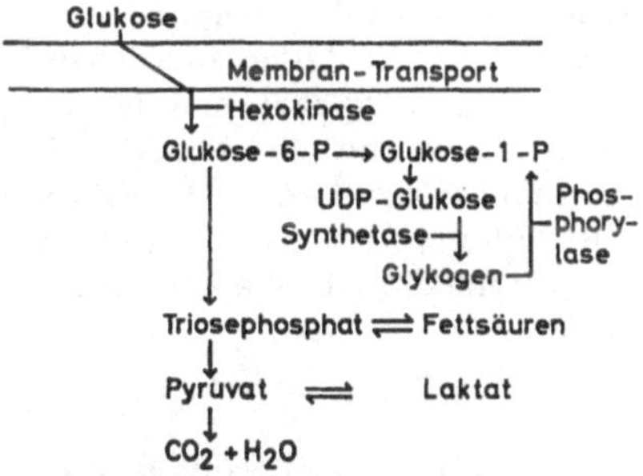

Abb. 31. Ablauf des Glukose-Abbaus in der Zelle zur Demonstration der Insulinwirkung

Umfassender werden die Wirkungen des Insulin verständlich, wenn diese Transport- und Enzymaktivierungs-Theorie einer allgemeinen Erklärung der Hormonwirkung, die die Eiweißsynthese in den Vordergrund stellt, untergeordnet wird. Die Insulinwirkungen auf den Membran-Transport erklären sich dann durch Synthese von Membran-Proteinen und Trägersystemen. Hinzu kommt der Aufbau eines Glykogen-synthetisierenden Fermentes, der Glykogensynthetase. Hiermit wird der verstärkte Einbau von Aminosäuren in Zellproteine verständlich. Diese einheitliche Vorstellung wird zur Zeit deshalb noch nicht akzeptiert, weil Substanzen, die die Eiweißsynthese blockieren (wie Puromycin u. ähnl.), Insulinwirkungen nicht vollständig zum Erliegen bringen. Die Suche nach weiteren Erklärungsmöglichkeiten dieser Hormonwirkungen ist sicher noch nicht abgeschlossen.

Steuerung: Die Sekretion des Insulins wird nervös und durch den Gehalt des Blutes an Glucose, Fructose und Ribose ausgelöst. Auch Hormone wie Glucagon, Prolactin, STH und manche Gewebehormone regen die Zellen zur Abgabe von Insulin an. Die Anregung gelingt auch in vitro. Galaktose und Arabinose stimulieren interessanterweise nicht. Dies hängt wahrscheinlich damit zusammen, daß diese Zucker nicht so leicht in die Zellen eindringen. Die Stimulation ist sicherlich vom Energiehaushalt der Zellen abhängig (Glykolyse — Glucose-6-phosphat — ATP usw.), denn auch permeierende Aminosäuren fördern die Sekretionsrate.

Bei der Ausschüttung von Insulin auf solche Reize hin, kommt es zunächst nur zur Abgabe von gespeichertem Insulin. Es erfolgt keine Neusynthese.

Glucagon

Chemie. Untersuchung von Pankreas-Extrakten führte zur Abtrennung und Kristallisation einer weiteren aktiven

Substanz, Glucagon genannt. Es ist ein Peptidkörper mit 29 Aminosäuren, dessen Aminosäurefrequenz bekannt ist und der 1967 erstmals synthetisiert wurde.

Nachweis. Die Bestimmung von Glucagon im Blut ist recht schwierig, da hier fast immer noch andere aktive Substanzen vorliegen. Meistens wird die Blutzuckersteigerung hungernder Katzen oder Hunde nach Glucagon-Injektionen bestimmt oder in vitro die Glykogenolyse im Lebergewebe gemessen. Neuere immunologische Bestimmungen arbeiten genauer. Das immunologische Verfahren ähnelt dem der Insulinbestimmung.

Wirkung und Wirkungsmechanismus. Die biologische Wirkung des Glucagon ist hauptsächlich von Säugetieren bekannt. Durch Abbau von Leberglykogen erhöht Glucagon innerhalb kurzer Zeit den Blutzuckerspiegel. Muskelglykogen wird dabei kaum angegriffen. Indirekt wird auch der Fett- und Eiweißstoffwechsel beeinflußt.

Vertreter der übrigen Wirbeltiergruppen sind verschieden empfindlich gegen Glucagon. Salamander sollen sehr resistent sein.

Der Wirkungsmechanismus des Glucagon beruht zunächst wohl auf einer Reaktion mit zyklischem Adenosin-3', 5'-monophosphat, das die Bildung aktiver Phosphorylase stimuliert. Beachtenswert ist sicherlich die Gewebespezifität (in der Leber wirksam, im Muskel nahezu unwirksam). Diesen Punkt muß eine weitere Analyse des Wirkungsmechanismus noch aufklären. Die Wirkung des Glucagons in der Leber ist der von Adrenalin vergleichbar. Unterschiedlich beeinflussen beide Hormone den Muskel.

Steuerung: Welche Faktoren die Glucagon-Sekretion anregen, ist noch weitgehend unklar. In der Regel ist eine Insulinsekretion von einer Glucagonabgabe begleitet. Daher spielt wahrscheinlich auch hier der Kohlenhydratspiegel im Blut eine Rolle. Nach Pankreatektomie treten aber immer nur Insulinmangelerscheinungen auf. Dies könnte darauf beruhen, daß beim Fehlen von Glucagon dieses von Adrenalin vertreten wird.

Regulation des Blutzuckers, Evolution der Hormonwirkung

Die bei Tieren verschiedener Gruppen gemessenen normalen Blutzuckerwerte sind sehr unterschiedlich. Fische haben je nach Art 20—100 mg/100 ml Blutzucker. Bei Fröschen sind mit modernen Methoden um 20 mg/100 ml festgestellt worden. Bei Vögeln und Säugern finden sich Werte von 80 bis 200 mg/100 ml. Freilebende Tiere besitzen meistens einen deutlichen Jahresrhythmus des Blutzuckers. Dieser hängt etwa bei Fröschen von der Jahreszeit, von der Laichzeit, Möglichkeiten der Nahrungsbeschaffung usw. ab.

An der Regulation des Blutzuckers sind bei Wirbeltieren vor allem Insulin und Glucagon beteiligt. Im Zusammenspiel fördert Glucagon den Abbau von Glykogen und stellt damit den Zellen Glucose zur Verfügung. Insulin dagegen stimuliert den Glucose-Verbrauch in den Zellen. Hormone der Nebenniere helfen mit, daß der Blutzucker und die Zufuhr zum peripheren Gewebe konstant bleiben. Tiere der verschiedenen Gruppen sind hierbei unterschiedlich empfindlich gegenüber Insulin. Bei Säugern wird der Blutzucker auf 50 mg/100 ml gesenkt. Weniger als 10 Einheiten pro kg können zum Tode führen. Bei Vögeln (z. B. Taube) reduziert Insulin den Blutzucker auch auf 50 mg pro 100 ml, die Tiere vertragen aber bis zu 1000 Einheiten pro kg. Eidechsen sind so unempfindlich, daß die Letaldosis kaum feststellbar ist. Fröschen und Salamandern kann man gut 50—100 Einheiten pro kg injizieren. Der Blutzuckerspiegel kann dabei unter 10 mg/100 ml absinken. Von diesen Kaltblütern wird also mindestens kurzfristig ein sehr niedriger Blutzuckergehalt vertragen. Dies deutet an, daß Bedeutung und Wirksamkeit des Insulins für die Zelle mit der Höherentwicklung wachsen.

Insulin ist mit immunologischen und Stoffwechselverfahren auch bei Wirbellosen, z. B. Schnecken, Tintenfischen, in der Mitteldarmdrüse nachgewiesen. Es ist aber wenig wahrscheinlich, daß es bei diesen Tieren wirksam ist. Bei Wirbellosen dürften Neurohormone die wesentlichste Rolle bei der Regulation des Blutzuckers spielen.

Der Wirkungsmechanismus des Insulins scheint zwar so universell zu sein, daß er für jede Zelle Gültigkeit haben müßte. Trotzdem muß die Zelle erst ihr Reaktionsvermögen entwickeln, so daß es auch hier gewebespezifische Reaktionen gibt.

η) Gonaden

Die doppelte Funktion der Gonaden, Bildung der Keimzellen und Synthese von Steroidhormonen, ist bereits erwähnt worden.

Androgene (= männliche Eigenschaften erzeugend) sind die Steroide des Hodens; Oestrogene (= Oestrus erzeugend) heißen die Hormone der interstitiellen Ovarzellen und Gestagene (= Schwangerschafts-Merkmale erzeugend) sind die Hormone der Corpora lutea (Gelbkörper genannt, wegen besonderer Pigmente in den Zellen). Ferner sind im Bereich der Gonaden bei einigen Säugetieren Gonadotropine nachgewiesen worden, die also außerhalb der Hypophyse gebildet werden. Dies sind vor allem Chorion- und Serumgonadotropin, deren Entstehungsort Zellen der Plazenta oder der Uterusschleimhaut sind. Die Plazenta bildet während der Schwangerschaft wahrscheinlich auch Oestrogene und Gestagene. Im Ovar der Säuger ist weiterhin als drittes Ovarialhormon ein Polypeptid, Relaxin, nachgewiesen worden.

Allgemeine Fortpflanzungsvorgänge (Rhythmen, Regulation und Verhalten)

Es ist bereits berichtet worden, daß Gonadotropine und Sexualhormone gemeinsam die Fortpflanzung regulieren und damit gewährleisten. Begattungsbereitschaft, Keimzellenreife und -abgabe, Befruchtung und Sorge für die Embryonalentwicklung sind für die einzelne Art abhängig von der genetischen Konstitution und äußeren Einflüssen, vor allem Licht, aber auch Temperatur, Nahrungsangebot usw. In vielen Tiergruppen gehen der eigentlichen Fortpflanzung auch noch Wanderungen zu geeigneten Laichplätzen voraus, die ebenfalls hormonell ausgelöst werden.

Den Zyklus der Eireife (Brunstzyklus, Oestrus) regulieren vor allem Gonadotropine der Hypophyse (Kap. B, II, c, 2, α, Abb. 19). Säuger, die nur einmal im Jahr brüten, befinden sich außerhalb der Brutsaison im Anoestrus. Bei anderen Tieren kommen das ganze Jahr über Eier zur Reife (Polyoestrus). Der einzelne Zyklus läßt sich in vier Stadien unterteilen: Prooestrus (Einsetzen der Eireife und Produktion von Oestrogenen) — Oestrus (Zeit vor und während der Ovulation; Tiere empfängnisbereit) — Met- und Dioestrus. Die beiden letzten Zeitabschnitte sind gekennzeichnet durch Wachstum und Sekretionstätigkeit der Corpora lutea (Ausnahme: Tiere wie Ratte und Mäuse, deren Lutealphase ohne Eiimplantation praktisch funktionslos bleibt). Die Phasen unterscheiden sich durch unterschiedliche Sekretion von Oestrogenen und Gestagenen. In Verbindung mit den zyklischen Veränderungen im Ovar bildet sich auch das Epithel der Vagina um. Bei Ratten und Mäusen ist dies leicht am Scheidensekret festzustellen. Man entnimmt hierzu mit einer Öse etwas Sekret, ein Gemisch aus Schleim und Epithelzellen, und untersucht dies nach geeigneter Färbung unter dem Mikroskop. Dabei erhält man eine dem Stadium entsprechende unterschiedliche Verhornung (Abb. 32 und Tab. 9).

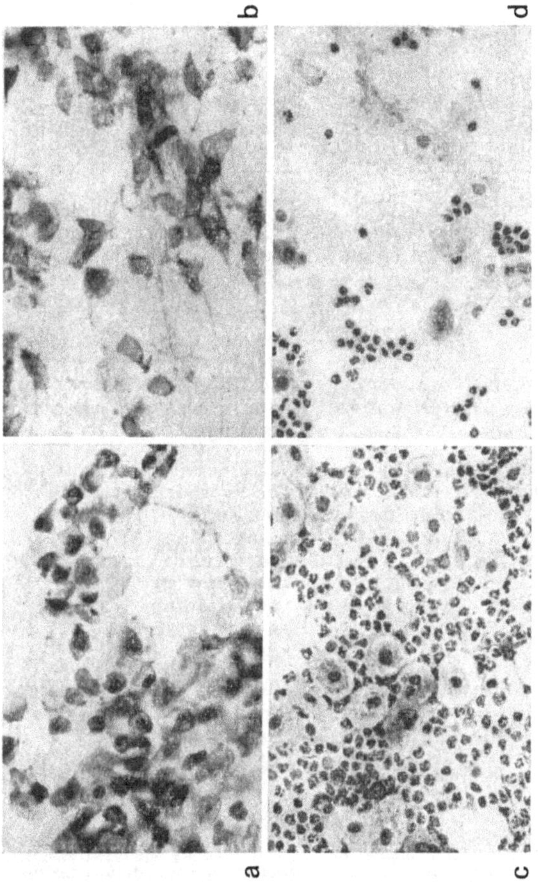

Abb. 32. Scheidensekret bei unterschiedlichen Phasen des Oestrus-Zyklus.
a) Prooestrus, b) Oestrus, c) + d) Metoestrus — Dioestrus (Vgl. Tab. 9).

Tabelle 9

Die Stadien des Brunstzyklus bei Laboratoriums-Nagetieren (Ratte, Maus)

Stadien des Brunstzyklus	Ovarial-Zustand	Zustand der Scheiden-schleimhaut	Vaginal-Sekretion
Prooestrus (Vorbereitung) 12 Stunden	schnelles Follikelwachstum	Zunahme der Zellschichten (dickes Epithel)	Oberflächenzellen (Epithel-) mit Kernen, kein Schleim
Oestrus (Brunst) 12 Stunden	sehr große Follikel, endet mit Ovulation	Abstoßung der Hornschichten vom dicken Epithel	Kernlose, verhornte Epithelzellen (Schollen)
Met-Oestrus (Zeit der Rückbildung) 21 Stunden	Ovulation und Wachstum des Corpus luteum	Abstoßung von verhornten Zellen, Einwanderung von Leukozyten und Verdünnung des Epithels	Schollen und Leukozyten
Di-Oestrus (zwischenzyklisches Ruhestadium) 57 Stunden	unterschiedliche Follikelgröße, Corpus luteum wächst weiter[1])	dünnes, schleimbildendes Epithel	kernhaltige Epithelzellen mit Leukozyten

[1]) Die Corpora lutea bleiben bei Mäusen und Ratten funktionslos. Tritt eine Begattung ein, kommt es entweder zur Implantation des Eies und Trächtigkeit oder zur Pseudogravidität, die etwa 14 Tage dauert. Im letzten Fall werden die Corpora lutea kurzfristig, infolge LT-Sekretion, funktionstüchtig.

Bei Vögeln ist die Brutperiode jahreszeitlich genau festgelegt. Zunehmende Tageslänge im Frühjahr induziert Wachstum und Aktivität der Gonaden. Nach der Brutzeit werden die Gonaden zurückgebildet und das typische Sexualverhalten verschwindet. Nach einer Refraktärperiode im Herbst lassen sich in der Regel vom Spätherbst an erneut Aktivitätssteigerungen der Gonaden durch experimentelle Verlängerung der Lichtdauer hervorrufen (Arbeiten von Rowan, Farner, Wolfson u. a.).

Gonadenhormone regulieren in Verbindung mit den Gonadotropinen die sekundären Geschlechtsmerkmale wie Färbung, Gesang, Revierverhalten, Nestbau, Aufsuchen der Brutplätze bei allen Vögeln. Bei diesen Tieren üben außerdem Oestrogene einen besonderen Einfluß auf die Eiproduktion, den Aufbau der Nährstoffe im Ei sowie die Zufuhr von Stoffen zur Eibildungsstelle aus. Dies ist die Grundlage für die Erfolge, die die Hühnerzucht in bezug auf Vermehrung und Vergrößerung der Eier nach Hormonbehandlung erzielt hat.

Die sexuelle Rhythmik bei niederen Wirbeltieren wird ebenfalls durch Gonadotropine in Zusammenhang mit Sexualhormonen gesteuert. Bei Fröschen (z. B. Rana temporaria) werden hierbei drei Jahresabschnitte unterschieden: Reproduktionsphase (März, Ovulation, Laichen und Befruchten), Zeitabschnitt der Gonadenaktivität (April bis Oktober, Restitutionsphase mit Spermatogenese und Oogenese), Überwinterungszeit mit sexueller Inaktivität. Während der Überwinterungszeit sind die Gonaden vorbereitet jederzeit auf einen Stimulus zu antworten. Diese Rhythmik gilt vor allem für Frösche der gemäßigten Zonen (Van Oordt u. a.).

Auch bei Fischen steuern Sexualhormone in Verbindung mit Gonadotropinen das Brutverhalten, die Ausbildung der Färbung und anderer sekundärer Geschlechtsmerkmale (z. B. die Ausbildung des Gonopodiums einiger männlicher Fische, dessen Entstehung von Testosteron gefördert wird). Eintritt und Dauer der Fortpflanzungsperiode werden daneben bei Fischen auch von Licht und Temperatur reguliert.

Die Entwicklung der Gonaden zur Reife dauert bei allen Tieren länger als die Entwicklung der übrigen Organe. Die adulte Körperform und Funktionstüchtigkeit fast aller Organe liegt bei Amphibien nach Abschluß der Metamorphose, bei Sauropsiden nach Abschluß der Eientwicklung und bei Säugern schon bald nach der Geburt vor. Dagegen bedarf es danach noch einer recht langen Zeit, die sogar noch Umwandlungen der Lebensweise zur Folge haben kann, bis die Gonaden ausgebildet werden. Man spricht z. B. bei Fischen und Amphibien von „sekundärer Metamorphose" (Geschlechtsreife beim Aal, Umwandlung von Gelbaal in Blankaal).

Ovarien, funktionelle Histologie und Anatomie

Das Säuger-Ovar ist von einem Keimepithel umgeben, von dem sich nach innen Keimstränge absondern. Aus den Zellen dieser Stränge entstehen die einzelnen Follikel, die durch eine epithelartige Theca interna und eine fibröse Theca externa gegen das umgebende Stroma abgegrenzt sind. Im Innern dieser Bläschenfollikel liegt die Eizelle in einer Flüssigkeit-erfüllten Höhle, die von Granulosazellen umgeben wird. Nach der Ovulation degenerieren die Follikel und wandeln sich in Corpora lutea um; die Granulosa- und teilweise auch Thecazellen bilden dabei ein gelbes Pigment aus. Ein Corpus luteum bleibt einige Zeit erhalten und funktionstüchtig und degeneriert schließlich. Der Rest wird als Corpus albicans bezeichnet. Degenerieren Follikel vor der Ovulation, so bleiben sie als atretische Follikel erhalten.

Zwischen den Follikeln liegen im Stroma ferner interstitielle Zellen, die dem Interstitium im Hoden entsprechen (Abb. 33).

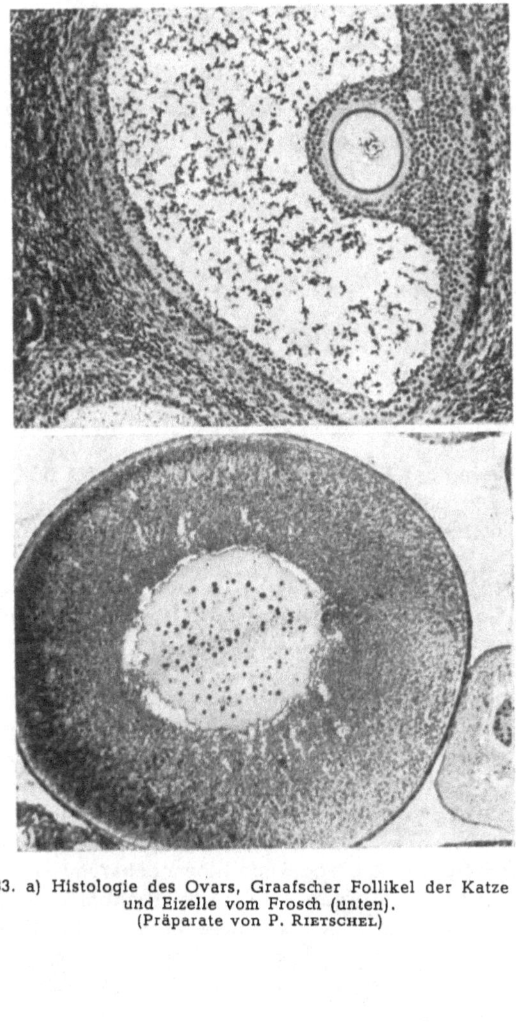

Abb. 33. a) Histologie des Ovars, Graafscher Follikel der Katze (oben) und Eizelle vom Frosch (unten).
(Präparate von P. Rietschel)

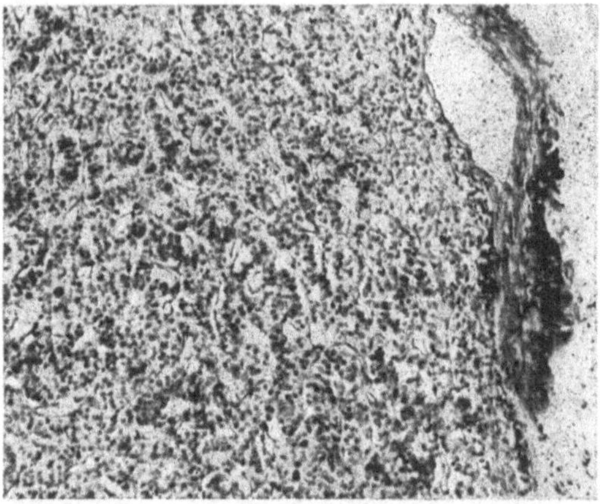

Abb. 33. b) Ausschnitt aus dem Corpus luteum des Menschen.

Die Zellen der Theca interna bilden, vielleicht im Zusammenwirken mit Granulosa-Zellen, die Oestrogene. Gestagene entstehen dagegen in den luteinisierten Granulosa-Zellen.

Bei Vögeln ist nur das linke Ovar funktionstüchtig. Die rechte Gonade ist teilweise in einem Zustand, der Anlagen für beide Geschlechter aufweist. Dieser Ovatestis beweist ein wichtiges Prinzip, das für alle Wirbeltiergruppen gültig ist: Embryonal werden beide Geschlechter angelegt und es hängt von Realisatoren ab, welche Geschlechtsanlage funktionstüchtig wird (vgl. Seite 180 ff.). Auch im weiblichen Geschlecht sind Samenausführgänge und Anhangsbildungen des Hodens vorhanden, die zu bestimmten Zeiten größer werden. Dies ist ein Zeichen für eine rhythmische Sekretion von Androgenen. Da Vögel nie lebendgebärend sind, bleiben bei ihnen die Corpora lutea nicht erhalten. Es gibt aber Hinweise für eine Progesteron-Sekretion, deren Funktion jedoch unbekannt ist. Wahrscheinlich ist Progesteron für Verhaltensweisen beim Brüten von Bedeutung.

Die Ovarien von Reptilien und Amphibien enthalten die heranwachsenden Oozyten in einem Hohlraum, der von Epithel umgeben ist (Abb. 33). Bei Reptilien werden Corpora lutea ausgebildet. Teilweise ist Progesteron nachgewiesen worden (Schlange), seine Bedeutung ist auch hier sehr rätselhaft. Der zweigeschlechtliche Charakter der Gonadenanlage wird besonders bei Amphibien deutlich (Biddersches Organ, ein Ovarrest bei männlichen Kröten, Abb. 35).

Bei Fischen und Amphibien ist auffallend, daß so viele Eier gleichzeitig reifen. Ein weiblicher Frosch ist zur Laichzeit angefüllt mit Eiern und auch bei vielen Fischen, z. B. Forellen, werden periodisch viele Eier entwickelt. Die Follikelhülle ist bei Fischen ähnlich aufgebaut wie bei Säugetieren: Eine Granulosa- und zwei Theca-Lagen und Gelbkörper sind nachgewiesen. Bei lebendgebärenden Fischen kann die Embryonalentwicklung in den Follikeln oder in der Ovarialhöhle erfolgen. In beiden Fällen ist die Bildung normaler post-ovulatorischer Corpora lutea nahezu ausgeschlossen. Trotzdem kommt es zur Bildung von Gelbkörpern, die meist aus atretischen Follikeln oder aus dem Follikelepithel entstehen. Man nennt die ersteren prae-ovulatorische Corpora lutea (Hoar). Es ist ungeklärt, ob diese Strukturen bei Knochenfischen tatsächlich Progesteron synthetisieren. Auch bei laichenden Fischen gibt es Gelbkörper, die entweder aus atretischen Follikeln oder doch postovulatorischen Follikeln entstehen.

Ovarialhormone

Die Biosynthese der Gonadenhormone ist noch nicht völlig geklärt. Die Hormone werden sicher auf ähnliche Weise gebildet wie die Nebennierensteroide (Abb. 30). Abgesehen von Androgenen, die in geringeren Mengen auch in weiblichen Gonaden gebildet werden, sind die Steroide Oestradiol und Progesteron die wesentlichsten Ovarialhormone (Abb. 34). Diese beiden Ovarialhormone dürften bei allen Wirbeltiergruppen vorkommen (vielleicht zusätzlich noch Oestron). Die Identifikation steht jedoch meistens aus.

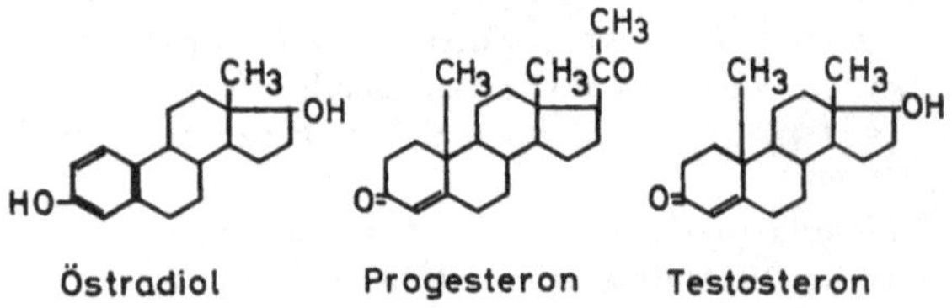

Abb. 34. Chemische Struktur der wichtigsten Gonadenhormone

Oestrogene regulieren und stimulieren die Entwicklung und das Größenwachstum der weiblichen Fortpflanzungsorgane (Ovar, Ovidukt mit Ampulle, Uterus, Vagina und Clitoris mit Clitorisdrüse). Sie fördern auch die für die Eiwanderung nötigen Kontraktionen. Alle biologischen Effekte unterliegen dem Wechselspiel mit anderen Hormonen, z. B. Oxytocin, Gonadotropinen oder Progesteron.

Der Oestrogeneinfluß auf den Ovarialzyklus und die Verhornung des Scheidenepithels ermöglichen eine Testung von Oestradiol. Mäuse und Ratten sind hierzu vor allem geeignet. Eine Mäuse- oder Ratten-Einheit ist die Minimalmenge von Oestrogenen, die bei kastrierten weiblichen Tieren im Vaginalabstrich Schollen auftreten läßt (Allen-Doisy-Test). 1 mg Oestradiol entspricht etwa 75000 Mäuseeinheiten. Bei den übrigen Säugetieren wird die Verhornung meist nicht deutlich, aber die Proliferation des Epithels setzt immer ein.

Als weitere Wirkungen der Oestrogene sollen Einflüsse auf die Haut (Verdickung der Epidermis bei Mäusen), auf den Ca-Stoffwechsel (Erhöhung des Blut-Ca und Verknöcherung von Knochenhöhlungen), auf den Beckengürtel (Lockerung desselben) und auf die schon erwähnte Färbung von Vögeln genannt werden.

Folgende biochemische Veränderungen nach Oestradiol-Injektionen gestatten uns, ein Bild vom primären Wirkungsmechanismus des Hormons zu entwerfen: Erhöhung des Wassergehaltes des Gewebes, Steigerung der Ribonukleinsäuremenge, Stimulierung der Proteinsynthese und Aufbau neuer Desoxyribonukleinsäure, des genetischen Materials. In Verbindung hiermit kommt es zur Steigerung der Aktivität einiger Fermente, vor allem einer Transhydrogenase, die im intermediären Stoffwechsel den aktiven Wasserstoff zwischen verschiedenen Cofaktoren austauscht. Erhöhte Durchblutung des Organs und stärkere Permeabilität der Zellen für Ionen und Nährstoffe sind wichtige Sekundärerscheinungen.

Der Primärprozeß des Oestradiols hängt auf jeden Fall mit dem zellularen Mechanismus der Genaktivierung und Eiweißsynthese zusammen. Interessanterweise gibt es im Falle der Oestrogene Hinweise (Mueller) dafür, daß an erster Stelle die Eiweißbildungsrate verändert und dann erst Nukleinsäuren aktiviert oder gebildet werden.

Progesteron und Gravidität. Progesteron reguliert zusammen mit den Oestrogenen die Funktion der akzessorischen Reproduktionsorgane. Es sichert vor allem während der Schwangerschaft das Austragen der Jungen. Das Wechselspiel beider Hormone ist sehr vielgestaltig, manchmal synergistisch und manchmal antagonistisch. Einige Effekte des einen Hormons werden auch durch Überdosen des anderen Hormons hervorgerufen. Progesteron verhindert normalerweise den Beginn eines neuen Oestrus-Zyklus und eine weitere Ovulation. Eine Verhornung der Vagina-Schleimhaut tritt nicht ein. Das Sexualverhalten und die Geschlechtsaktivität werden unterdrückt und die Lutealphase im Zyklus wird bis zur Gravidität verlängert (Abb. 19).

Die Viviparität (Lebendgebären) hat sich bei fast allen Wirbeltierklassen herausgebildet (Ausnahme Vögel). Ungeklärt ist jedoch in den meisten Fällen, ob Progesteron vorkommt, welche Zellen es synthetisieren und welche Bedeutung es für die Pflege der Embryonen hat. Corpus luteum-ähnliche Strukturen sind bei fast allen Wirbeltiergruppen nachgewiesen, unabhängig davon, ob die Tiere lebendgebärend oder eierlegend sind. Bei niederen Wirbeltiergruppen ist Sekretion von Progesteron hauptsächlich bei lebendgebärenden Haifischen und Schlangen nachgewiesen.

Der Einfluß des Progesterons auf die Uterusschleimhaut ist besonders wichtig. Ein allgemeiner Aufbau der Schleimhaut, der von Oestrogenen induziert wird, bricht nach Progesteronsekretion ab und es erfolgt eine Umwandlung der Schleimhaut in ein Sekretionssystem. Dabei kommt es zu stärkerer Durchblutung, die Drüsenzellen beginnen zu sezernieren. Fermente werden aktiviert und der Gehalt an Glykogen und Glykoproteiden wird erhöht. Die Umwandlung der Schleimhaut von der Proliferationsphase zur Sekretionsphase dient als biologischer Test für Progesteron. Im Clauberg-Test bedeutet eine Kaninchen-Einheit die Menge, die bei einem juvenilen weiblichen Tier diese Veränderung vollbringt. Sie entspricht etwa 0,6 mg Progesteron.

Der physiologische Zustand der Schleimhaut, der durch Progesteron induziert wird, begünstigt die Nidation des Eies. Unterbleibt die Nidation, so wird diese Schleimhaut (Decidua) entweder zurückgebildet (niedere Säuger) oder abgestoßen (Menstruation, Primaten). Setzt sich das Ei fest, so wird die Decidua gravitatis gebildet.

Der zellulare Wirkungsmechanismus des Progesterons ist nicht so eingehend untersucht wie etwa der anderer Steroide. Auffallend sind Veränderungen des Membranpotentials, die an Zellen des Myometriums, der Uterusmuskulatur, nach Progesteron beobachtet werden können. Verschiebungen der Ionenkonzentration, z. B. der Anstieg der Na^{+}-Konzentration in der Zelle, dürften hierbei wichtig sein. Mit Potentialveränderungen hängt zusammen, daß die glatte Muskulatur des Uterus gegenüber Oxytocin weniger empfindlich wird. Unterbleibt ein Progesteroneinfluß, so werden die Wehen vom Oxytocin ausgelöst. Bedeutungsvoll wären eingehende Untersuchungen zu dem Problem, ob die Eiweißsynthese und die Aktivität von Genen in den reagierenden Zellen von Progesteron reguliert werden.

Neben Oestradiol und Progesteron sind eine Reihe weiterer oestrogener und gestagener Substanzen isoliert oder synthetisch dargestellt worden. Das große Interesse, das die pharmazeutische Industrie wie auch die therapeutische Forschung diesen Substanzen entgegenbringt, beruht natürlich auf ihrer biologischen Bedeutung. Unterentwicklung der Gonaden, der akzessorischen Geschlechtsorgane und der sekundären Geschlechtsmerkmale, Unterstützung der Gravidität und Regulation der Laktation sind wichtige therapeutische Anwendungsbereiche der Gonadenhormone, die sich aus den besprochenen biologischen Wirkungen (Förderung der Entwicklung, Regulation der Ovarialzyklen und Milchdrüse, Abb. 19 u. 20) ableiten lassen. Hinzu kommt die erweiterte Anwendung auf dem Gebiet der oralen Empfängnisverhütung.

Plazentahormone und Schwangerschaftsteste. Das Choriongonadotropin ist ein Sekretionsprodukt der Plazenta. Es bewirkt die Umbildung des Corpus luteum zum Corpus luteum gravitatis, das verstärkt Progesteron sezerniert. Das Choriongonadotropin hat also eine luteinisierende Wirkung. Chemisch ist es ein Glykoproteid mit relativ hohem Molekulargewicht (etwa 100 000). Dieses Hormon kann biologisch unterschiedlich getestet werden. Die Teste dienen gleichzeitig als Schwangerschaftsnachweise, da in den ersten Monaten sehr viel Gonadotropin im Schwangerenharn zu finden ist. Injiziert in Frösche oder Kröten, bewirkt dieses Hormon Samenentleerung und oft auch Eiablage sowie eine Anschwellung der Daumenschwielen beim Männchen. Der Test ist im Prinzip mit Rana-, Bufo-Arten und mit dem Krallenfrosch (Xenopus laevis) möglich. Da jedoch eine Reihe von Haltungs- und Umweltfaktoren die Reaktion beeinflussen, sind die Ergebnisse nicht immer eindeutig. Eine Messung der Gewichtszunahme von Prostata oder Vesikulardrüsen bei infantilen Ratten, Beobachtung des Oestrus bei Ratten und andere Teste (Friedmann-Test, Aschheim-Zondek-Test, die die luteinisierende Wirkung ausnutzen) können auch der Bestimmung des Choriongonadotropins im Harn dienen.

Über die Menge der während der Schwangerschaft produzierten Hormone gibt die Analyse der im Harn vorhandenen Stoffe Auskunft. Im 2. und 3. Monat findet sich beim Menschen vor allem Choriongonadotropin. Vom 1. Monat bis zum Ende der Schwangerschaft steigt die Menge von Pregnandiol, einem Abbauprodukt des Progesteron, auf das Fünffache an. Die Oestrogenmenge nimmt etwa vom 5. Monat an stark zu. Die während der Schwangerschaft gebildeten Hormone werden wohl vorwiegend im Plazentagewebe synthetisiert. Die Aufgabe der Hormone ist im Einfluß auf Schleimhaut und Muskulatur der Gebärmutter und in der Ovulationsverhinderung zu suchen.

Relaxin. Das dritte weibliche Gonadenhormon, das Relaxin, ist ein Polypeptid (Molekulargewicht etwa 10 000), das ebenfalls für die Gravidität der Säuger wichtig ist. Besonders die Geburt selbst mit den Veränderungen des Beckengürtels, der Regulation der Uteruskontraktionen u. a. wird von Relaxin mitkontrolliert. Das Hormon wird bei

Mäusen und Meerschweinchen an den Veränderungen der Schambein-Symphyse getestet.

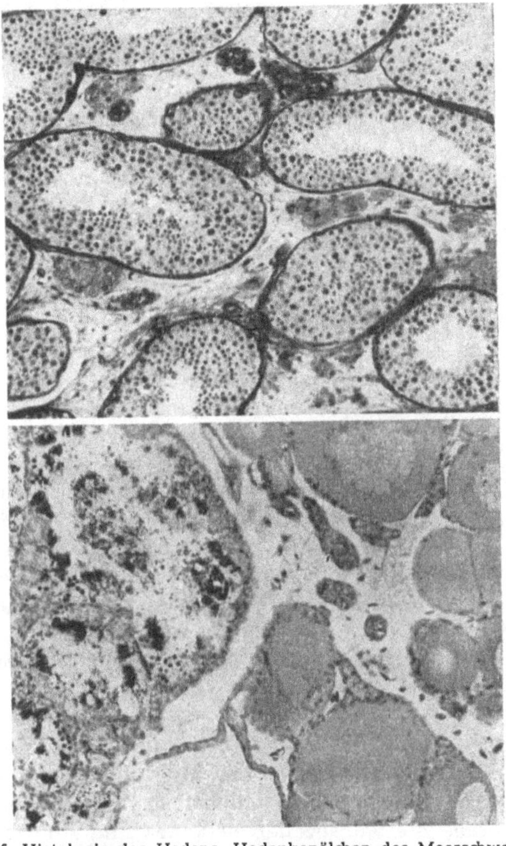

Abb. 35. Histologie des Hodens, Hodenkanälchen des Meerschweinchens (oben) und Biddersches Organ der Kröte (unten), links spermienbildendes Gewebe, rechts Eizellen
(Präparate von P. RIETSCHEL)

Hoden, funktionelle Histologie und Anatomie

Zwischen den Hodenkanälchen liegen im Bindegewebe Gruppen von interstitiellen Zellen (Leydigsche Zellen). Beim Menschen ist der Anteil des Bindegewebes an der Hodenmasse beträchtlich (20—30 %). Die interstitiellen Zellen sind wahrscheinlich der Bildungsort der Androgene. In den Hodenkanälchen selbst kann man neben den samenbildenden Zellen auch die sogenannten Sertoli-Zellen erkennen, die wahrscheinlich Stützfunktionen haben, vielleicht aber auch an der Hormonproduktion beteiligt sind (Abb. 35).

Die sekretorische Aktivität der Leydigschen Zellen kann im Jahresverlauf, der Sexualperiodik angepaßt, unterschiedlich sein. Bei Fischen, Urodelen und auch einigen Reptilien sind die hormonproduzierenden Zellen um die Samengänge epithelartig angeordnet. Sie enthalten zu bestimmten Aktivitätsphasen eine große Menge Fett. Der Fettgehalt dieser Zellen, seine rhythmische Veränderung und Ausschaltexperimente (man kann das samenbildende Gewebe durch Hitze oder Bestrahlung zerstören ohne die Leydigschen Zellen zu beschädigen) ermöglichen es, in diesen Zwischenzellen die Steroidproduktion zu lokalisieren.

Die Hoden bilden mit ihren Anhangsdrüsen ein System, das bei den Wirbeltieren engen Kontakt mit der Niere besitzt. Von jedem der meist paarig angelegten Hoden wird das Sperma durch den Nebenhoden (Epididymis) zum Ausführungsgang (Ductus deferens) gebracht. Am Ende der Samenausführungsgänge münden verschiedene akzessorische Drüsen wie Vesikulardrüsen, Prostata und Ampullendrüsen bei Säugern. Diese Drüsensysteme können bei den verschiedenen Wirbeltieren sehr kompliziert sein. Sie produzieren Sekrete, die die Samenzellen umhüllen und schützen. Die Hoden treten bei Säugetieren aus dem Körper heraus in den abdominalen Hodensack (Scrotum). Bei Wirbeltieren, die nur während kurzer Perioden im Jahr sexuell aktiv sind, enthalten die Hodengänge auch oft nur periodisch Spermatozoen. Andernfalls finden sich diese das ganze Jahr über.

Androgene, biologische Wirkung und Wirkungsmechanismus

Obwohl bereits seit den Untersuchungen BERTHOLDS der endokrine Einfluß des Hodengewebes bekannt ist und durch die Vorstellung, das Gewebe könne Jugendlichkeit erhalten oder vermitteln, viel mit Hodengewebe experimentiert wurde, konnte erst 1931 durch LAQUEUR eine wirksame Substanz aus Hodengewebe isoliert werden. BUTENANDT und TSCHERNING kristallisierten um diese Zeit aus 25000 l Männerharn 15 mg eines Stoffes, den sie Androsteron nannten. Dieses Androsteron und eine Reihe weiterer androgener Steroide (Dehydroandrosteron, Androstendion usw.) wirken im Tierexperiment zwar wie Hodenhormone, sind aber nicht identisch mit dem 5 Jahre später von LAQUEUR aus Stierhoden isolierten Testosteron (Abb. 34). Unklar ist, ob dieses wirklich bei allen Wirbeltiergruppen, ja selbst bei allen Säugetierarten, das eigentliche männliche Sexualhormon darstellt. Chemisch sind alle androgenen Steroide sehr ähnlich aufgebaut.

Die wichtigste Aufgabe der Androgene ist es, Wachstum und Funktionstüchtigkeit der akzessorischen Teile des Geschlechtsorgan-Systems sowie der sekundären Geschlechtsorgane zu regulieren. Kastration läßt die Samenleiter, die Anhangsdrüsen der Geschlechtsorgan-Ausführungsgänge und auch die äußeren Geschlechtsorgane atrophieren.

Tabelle 10

Biologische Wirkungen von Testosteron

1. Spermatogenese:
   - Direkte Stimulation der Spermatogenese
   - Hemmung der Spermatogenese durch Unterdrückung der Gonadotropinsekretion
   - Verlängerung der Lebenszeit der Spermatozoen im Nebenhoden
2. Akzessorisches Drüsengewebe:
   - Anregung von Wachstum und sekretorischer Tätigkeit der Samenblase, Prostata u. a.
   - Wachstumsanregung von Penis und Scrotum
3. Sekundäre Geschlechtsmerkmale:
   - Verteilung des Haarwachstums
   - Körperausbildung
   - Wirkung auf Kamm, Kehllappen, Sporn und Gefieder bei Vögeln, Daumenschwielen der Amphibien und Schwertfortsatz mancher Fische
   - Beeinflussung der Stimmlage
   - Auslösung von Sexual- und Kampfverhalten
4. Stoffwechsel:
   - Förderung der Stickstoff-Retention, des Proteinstoffwechsels und der Enzymsynthese

Tabelle 10 bringt eine Zusammenstellung der biologischen Wirkungen des Testosteron. Biologische Testmethoden sind der Kapaunenkamm-Test und der Vesikulardrüsen-Test. Bei jungen unreifen oder bei kastrierten Hähnen (Kapaunen) schwillt der unentwickelte oder rückgebildete Kamm nach Zugabe von androgenen Substanzen stark an. Androgene wirken hierbei sowohl nach Injektion als auch nach lokalem Aufpinseln. Neben der Proliferation von Gewebe tritt erhöhter Blutstau im Kamm auf. Die Kapauneneinheit ist die Menge Androgen, die an zwei aufeinanderfolgenden Tagen verabreicht, eine Vergrößerung des Kammes um 20 % bewirkt. Ungefähr 100 γ Androsteron oder 15 γ Testosteron besitzen diese Wirksamkeit. Die Anregung zur Proliferation ist nicht nur auf den Kamm beschränkt. Bei Mäusen z. B. reagiert auch die Rückenhaut auf Testosteron mit Verdickung der Epidermis und des Bindegewebes.

Der Versikulardrüsen-Test benutzt Wachstum und Sekretionsanregung der akzessorischen Drüsen. Bei kastrierten Mäusen ist eine Mäuse-Einheit die Menge, die verteilt auf 5 Injektionen in 3 Tagen, eine deutliche Wirkung auf Wachstum und Sekretionstätigkeit der Vesikulardrüsen auslöst. Diese Einheit entspricht etwa 100 γ Testosteron. Die Wirksamkeit im biologischen Test hängt sehr von der Anwendung und der Art des Lösungsmittels ab.

Eine weitere Möglichkeit, die Hormone biologisch zu testen, bietet u. a. das Hochzeitskleid des Bitterling-Männchens. Diese Färbung läßt sich beim kastrierten Tier durch Sexualhormone hervorrufen. Die Schwertbildung beim Schwertfisch, Xiphophorus helleri, die Daumenschwielen beim Froschmännchen und der Rückenkamm beim Kamm-Molch (Triturus cristatus) stellen weitere Testobjekte dar.

Die Ausbildung sekundärer Geschlechtsmerkmale durch Testosteron wird bei Reh und Hirsch am Gehörn oder Geweih deutlich. Frühe Kastration verhindert die Entwicklung. Männliches Sexualhormon fördert sie. Späte Kastration führt zu Mißbildungen. Bei Rindern haben Sexualhormone keinen Einfluß auf die Hornbildung. Dies wird daran deutlich, daß beide Geschlechter Hörner haben.

Der Testosteron-Einfluß auf Wachstum und Funktion der akzessorischen Drüsen bietet Anhaltspunkte für die Diskussion des Wirkungsmechanismus. Die Reaktion auf das Hormon äußert sich vor allem in einer starken Proteinsynthese, so daß Organmasse und Fermente aufgebaut werden können. Es wurde außerdem der Nachweis erbracht, daß die RNS-Menge — sowohl die ribosomale als auch die messenger-RNS — erhöht wird. Dies bedeutet, daß das Hormonmolekül wahrscheinlich als Aktivator bestimmter Gene zu betrachten ist. Möglich ist, daß eine direkte Wirkung des Hormonmoleküls auf Substanzen, Repressoren genannt, besteht, die die Genaktivität kontrollieren. Auffallend ist, daß durch Androgene in mehreren Organen des Körpers dieser Protein-Aufbau stimuliert wird. Die Reaktion auf Androgene ist also nicht so streng begrenzt wie bei manchen anderen Hormonen.

Hormonelle Kontrolle der Geschlechtsrealisation

Die Geschlechts-Chromosomen (Träger der Gene, die das Geschlecht bestimmen) werden mit X und Y bezeichnet. Eines der beiden Geschlechter ist homogametisch, d. h. es besitzt im diploiden Chromosomensatz XX, das andere ist heterogametisch (XY). Beim Menschen ist das männliche Geschlecht heterogametisch, bei Vögeln und auch bei einigen Amphibien besitzt das Weibchen unterschiedliche Geschlechtschromosomen.

Der Anlage nach liegen bei allen Wirbeltieren trotz genetischer Geschlechtsdetermination Möglichkeiten für die Realisation beider Geschlechter in einem Tier vor. Die Gonadenanlage besitzt männliche und weibliche Potenzen, von denen im Normalfall durch die genetische Konstitution bestimmt wird, welche Anlage realisiert wird. Durch Einwirkung von Sexualhormonen läßt sich aber diese Geschlechtsrealisation verändern oder sogar in das Gegenteil verwandeln.

Läßt sich bei bestimmten Arten das Geschlecht experimentell umkehren, so bedeutet dies, daß Geschlechtstiere entstehen können, die in ihrer genetischen Konstellation dem anderen Geschlecht entsprechen. Da man solche Tiere rückkreuzen kann, ist die genetische Analyse solcher Fälle sehr interessant. Abb. 36 zeigt eine solche Analyse vom Krallenfrosch, Xenopus laevis, vereinfacht nach Witschi. Die zweigeschlechtliche Anlage ist die Grundlage für viele

Fälle von Geschlechtsumkehr, die von Wirbeltieren im adulten Stadium berichtet wird.

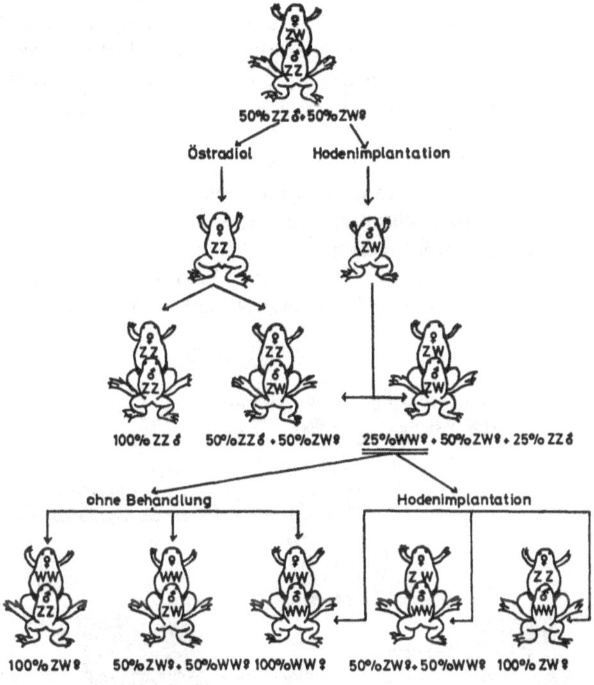

Abb. 36. Kreuzungsexperimente und genetische Analyse mit Krallenfröschen (4 Generationen), Kombination mit Geschlechtsumkehr durch Oestradiolbehandlung der Larven oder Hodenimplantation n. WITSCHI u. a.). ZZ — normales homogametisches Männchen, ZW — normales heterogametisches Weibchen

Die Gonadenanlage der Wirbeltiere befindet sich zunächst in einem indifferenten Stadium. Es läßt sich ein innerer Teil, eine Medulla, und eine äußere Rinde (Cortex) unterscheiden (Abb. 37). Wird die Gonade zum Hoden, so entwickelt sich vor allem der innere Teil. Vergrößerung der Rinde führt zum Ovar. Im indifferenten Stadium sind beide Typen von Ausführungsgängen — Müllerscher Gang im weiblichen, Wolffscher Gang im männlichen Geschlecht — angelegt. Stimulation zur Entwicklung eines Geschlechtes bedeutet Unterdrückung der Anlagen des anderen. Hieraus wird leicht verständlich:

1. Daß sich Zwitter ausbilden können,
2. daß entwicklungsfähige Anlagen des unentwickelten Geschlechtes zurückbleiben und später wieder funktionstüchtig werden können und
3. daß Behandlung von außen die Geschlechtsentwicklung in eine vom Normalfall abweichende Richtung führen kann.

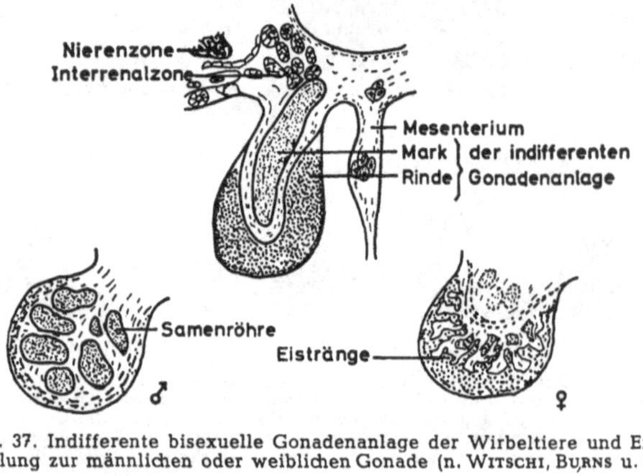

Abb. 37. Indifferente bisexuelle Gonadenanlage der Wirbeltiere und Entwicklung zur männlichen oder weiblichen Gonade (n. WITSCHI, BURNS u. a.)

Zwitter sind als Anomalität von fast allen Wirbeltiergruppen bekannt. Allerdings ist es in der Regel nicht möglich, daß beide Geschlechter tatsächlich gleichzeitig funktionstüchtig sind. Zu einem bestimmten Zeitpunkt überwiegt das eine meistens deutlich. Durch operative Eingriffe kann das eine Geschlecht bestimmend werden. Bei vielen Fischen gibt es eine Geschlechtsumkehr im adulten Stadium. Bei männlichen Kröten bleibt im Bidderschen Organ ein Ovarrest mit voller Potenz zurück. Das rechte Ovar der Vögel behält als Ovatestis männliche Eigenschaften. Bei Säugern geht im Gegensatz zu Nicht-Mammaliern die zweite Potenz bei der Entwicklung meist völlig verloren. Ein recht interessantes Beispiel aus dem Säugerbereich ist die natürliche Parabiose (eine Kreislaufverbindung zwischen zwei Lebewesen) bei Rinderzwillingen. Von Rinderzwillingen ist bekannt, daß neben einem normalen Stierkalb nie ein Kuhkalb geboren wird. Vielmehr übt das Stierkalb einen Einfluß aus, der das weibliche Tier zum Intersex werden läßt. Solche Intersexe (Zwicken) weisen in ihren Organen eine unterschiedlich weit vorangetriebene Vermännlichung auf. Die Ursache hierfür ist darin zu suchen, daß beim Rind die beiden Mutterkuchen der Zwillinge verwachsen, daß Gefäßanastomosen ausgebildet werden und so Stoffe des einen Tieres auch in dem anderen kreisen. Die männlichen Geschlechtsdeterminatoren werden wohl früher und stärker aktiv, so daß sie das weiblich veranlagte Tier teilweise umstimmen.

Über die Natur der Geschlechtsdeterminatoren ist wenig bekannt. Witschi bezeichnet sie als Medullarin — gebildet in den Vorstadien der männlichen interstitiellen Zellen — und als Corticin — gebildet in den weiblichen Follikelzellen. Eindeutig belegt durch in vitro-Experimente (E. Wolff u. Mitarb.) ist jedenfalls, daß es sich um stoffliche Einwirkungen handelt, welche die Anlagen eines Geschlechtes fördern, die des anderen unterdrücken. Bei vielen Tiergruppen ist dieses Sekretionsprodukt, das von den sich entwickelnden Gonaden abgegeben wird, mit großer Wahrscheinlichkeit identisch mit dem Geschlechtshormon selbst, also mit Androgenen oder Oestrogenen. GALLIEN bewies dies mit Versuchen, in denen er totale Geschlechtsumkehr bei Amphibien nach Behandlung von Kaulquappen mit männlichen oder weiblichen Gonadenhormonen erzielen konnte.

C. Schlußerörterung

Die Fülle dessen, was über Hormonwirkungen bekannt geworden ist, macht es nicht einfach, das Grundlegende noch einmal herauszustellen. Drei wesentliche Probleme verdienen es jedoch, hier noch einmal hervorgehoben zu werden:

I. Korrelation der Hormonwirkungen

Betrachtet man ein biologisches Phänomen, etwa die Sekretion der Milchdrüsen (Abb. 20) oder die Konstanz des Blutzuckers, so hat man nach vielerlei Hormonsystemen zu suchen, die hier mitwirken und aufeinander abgestimmt sein müssen. Nur dann, wenn diese Korrelation eine biologisch günstige Regelung des Phänomens ermöglicht, wirkt sich ein solches abgestimmtes Hormonsystem positiv selektionistisch aus und kann sich im Verlauf der Evolution erhalten und durchsetzen.

Die Korrelation von Hormonsystemen und die Regelung von biologischen Prozessen überhaupt bezieht zwangsläufig das Nervensystem als Regulationssystem mit ein. Dieser Kontakt ist besonders deshalb sehr eng, weil wie wir gesehen haben, auch vom Nervensystem im Sekretionsprozeß Stoffe mit hormonähnlicher Wirkung freigesetzt werden. Die Zusammenarbeit zwischen nervösen Vorgängen, Neurosekretion und endokrinen Drüsen ist bei höher entwickelten Tiergruppen qualitativ gleichartig. Dies zeigt sich deutlich, wenn wir z. B. die neuroendokrine Kontrolle der Häutung bei Krebsen, Insekten und Amphibien vergleichen

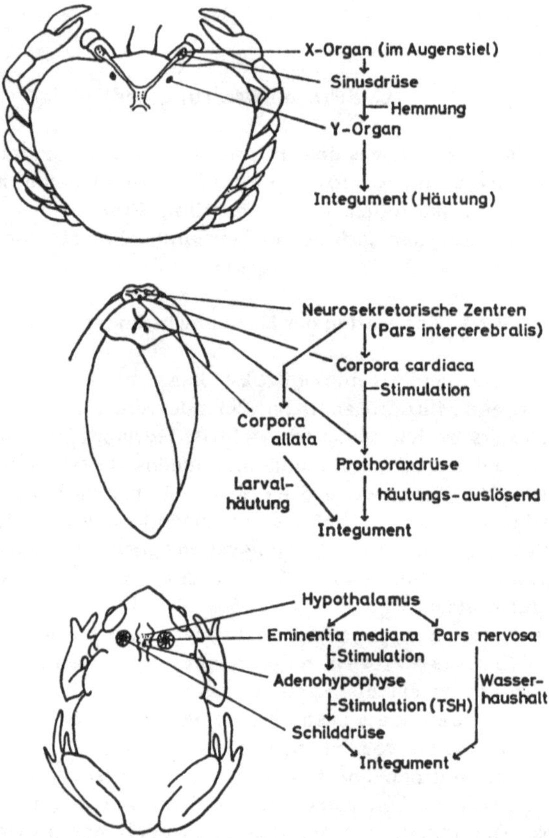

Abb. 38. Vergleich der Häutungsbeeinflussung bei Krebsen, Insekten und Amphibien unter Berücksichtigung der Hierarchie der Regulationszentren (n. E. u. B. SCHARRER)

(Abb. 38). In allen drei Gruppen geht vom Sinnesorgan eine Stimulation zum neurosekretorischen Gehirnzentrum (X-Organ, Zentren im Protocerebrum, Hypothalamuszentren) aus. Dort wird Neurosesekret gebildet und im Neurohaemalorgan gespeichert (Sinusdrüse, Corpora cardiaca, Eminentia mediana). Auf entsprechende Reize hin wird das gespeicherte und vielleicht auch umgewandelte Sekret an die Blutbahn abgegeben und reguliert die Häutungsdrüse (Y-Organ, Prothoraxdrüse, Adenohypophyse-Schilddrüse). Deren Sekretionsprodukt hinwiederum löst die Häutung aus.

Diesem Beispiel für eine Parallelwirkung bei unterschiedlichen Organismengruppen werden sicher weitere Beispiele hinzugefügt werden können, wenn man die Effekte noch genauer kennt. Hier ist zu denken an die Regulation des Farbwechsels, der Fortpflanzung, des Stoffwechsels usw. Allerdings ist bei Wirbellosen nur eine begrenzte Anzahl selbständiger endokriner Drüsen zu erwarten, was natürlich mögliche Parallelen zu Wirbeltieren einengt.

II. Phylogenetische Entwicklung der Hormonsysteme

In der Evolution der Hormon- und Reaktionssysteme lassen sich mehrere Stufen unterscheiden. Hierzu sind in diesem Büchlein verschiedene Beispiele erwähnt worden. Bei Wirbellosen läßt sich etwa die Phylogenie der Haemalorgane morphologisch und funktionell verfolgen (GERSCH). Allgemein stellt die erste Stufe der Hormonwirkung die sekretorische Tätigkeit des Nervensystems dar. Man kann verfolgen, wie sich bei höherer Entwicklung in einer Abstammungsreihe unabhängige endokrine Drüsen entwikkeln.

Die Evolution eines Hormonsystems beginnt in dem Stadium, in dem die chemische Substanz, das Hormon, auftritt.

Verschiedene Stoffe mit hormonaler Wirkung bei Wirbeltieren kommen bereits bei Wirbellosen vor. Es ist jedoch sehr fraglich, wahrscheinlich sogar auszuschließen, daß sie dort bereits vergleichbare Wirkungen haben. Zur ersten Stufe der Evolution einer Hormonwirkung gehört also die Bildung der chemischen Substanz, ohne daß eindeutige Wirkungen nachzuweisen sind. Beispiele hierfür sind: Insulin bei Mollusken, Jod-Eiweißkörper im Epithel mariner Anneliden. Im allgemeinen kommt es in der Entwicklung dann auch zu einer Konzentration der Produktionsstätte im Sinne einer Drüse. Die Synthese der chemischen Substanz findet also nicht mehr verteilt im Körper statt, sondern ist auf enge Regionen begrenzt. Die nächste Stufe der Hormonsystem-Entwicklung ist dann erreicht, wenn sich ein reagierendes Gewebe herausbildet. Der Beginn einer chemischen Koordination, die für den lebenden Organismus vorteilhaft ist, liegt damit vor. Es dürfte sich dabei zunächst nicht um sehr spezifische Reaktionen handeln.

Ein definiertes Hormonsystem liegt jedoch erst dann vor, wenn sich eine Reaktion mit einem spezifischen Zielorgan herausbildet. Eine geringere Spezialisierung weisen Androgene auf, die beim Säugetier auf viele Gewebe wachstumsstimulierend wirken. Auch der Thyroxin-Effekt bei der Metamorphose der Amphibienlarven ist auf verschiedene, nicht nur auf ein Gewebe beschränkt. ACTH wirkt dagegen sehr spezifisch nur auf ein Gewebe, die Nebennierenrinde, bei Säugern sogar nur auf die Zona fasciculata der Rinde.

In der letzten Entwicklungsstufe kann sich die Funktion des Hormons, die biologische Bedeutung des Reaktionssystems und schließlich sogar die chemische Konstitution des Hormons verändern. Regulieren bei Fischen und Amphibien noch alle Nebennierensteroide, die produziert werden, sowohl den Osmomineral- als auch den Kohlenhydratstoffwechsel, so trennen sich die Wirkungen bei Säugern deutlich (vgl. S. 148 f.). Allerdings bleibt ein geringer Einfluß auf den zweiten Funktionskreis immer erhalten. Vielleicht sind auch chemisch verwandte Hypophysenvorderlappen-Hormone erst allmählich aus einem gemeinsamen chemischen Komplex entstanden. Bei STH, ACTH und LT könnte dies auf Grund der Ähnlichkeit in der chemischen Struktur der Fall sein.

An den Problemen, die in diesem Abschnitt angeschnitten wurden, wird in vielen Laboratorien gearbeitet. Die Hypothesen können deshalb bald veraltet sein. Es ist nicht vorauszusehen, wie weit sie sich bestätigen und wie weit sie berichtigt und ergänzt werden müssen.

III. Der Wirkungsmechanismus der Hormone

Durch die Primärreaktion entsteht ein Funktionszustand, der unterschiedliche Leistungen der Zelle und des Organs ermöglicht. Im Verlauf der Untersuchungen über den Wirkungsmechanismus der Hormone sind verschiedene Theorien aufgestellt worden, die im Folgenden kurz aufgezählt seien:

a) Fermentaktivierungstheorie — die Hormonwirkung ist primär die Aktivierung eines Fermentes
b) Permeabilitätstheorie — das Hormon verändert die Permeabilität von Membranen und damit den Zustrom von Verbindungen in bestimmte Zellräume
c) Genaktivierungstheorie — das Hormonmolekül bewirkt die Aktivierung von Genen und damit die Stimulierung von Proteinsynthesen
d) Theorien über Strukturveränderungen allgemeiner Art als Grundlage der Hormonwirkung
e) Theorie, die zyklisches 3',5'-AMP als Vermittler annimmt.

Überschaut man diese Theorien, so wird klar, daß sie das gesamte Spektrum der denkbaren zellphysiologischen Veränderungen erfassen. Es muß zunächst darüber Klarheit bestehen, daß auf Grund der verschiedenen chemischen Natur der Hormone nicht erwartet werden kann, daß alle Hormone einen gleichen Wirkungsmechanismus haben.

Am Beispiel der Insulinwirkung soll gezeigt werden, wie fast alle Theorien zur Erklärung des Wirkungsmechanismus herangezogen wurden. Es wird hieran auch deutlich, daß sich an Hand der bisherigen Forschungsergebnisse noch keine einheitliche Theorie des Hormon-Wirkungsmechanismus aufstellen läßt. Lange Zeit war die Insulinwirkung damit erklärt worden, daß die Hexokinase — ein Ferment, das die Glucosephosphorylierung katalysiert und damit den Glucose-Abbau fördert — aktiviert wird. Weitere Untersuchungen ergaben dann, daß durch Insulin die Permeabilität der Zelle erhöht wird. Es dringen mehr Glucosemoleküle in die Zellen ein und werden dort quantitativ abgebaut, da in den meisten Zellen Hexokinase im Überschuß vorhanden ist. Diese Theorie mußte allerdings dahingehend erweitert werden, daß Permeabilitätsänderungen an allen Membranen — auch innerhalb der Zelle — auftreten und so die Verteilung zwischen den Zell-Kompartimenten (Raumsystemen in der Zelle) gefördert wird.

Die Wirkung des Insulins auf die Membranpermeabilität kann man wiederum durch eine Genaktivierung und vermehrte RNS-Synthese erklären. Membranproteine, die den Zuckertransport beschleunigen, werden gebildet. Außerdem läßt sich über Genaktivierung und Proteinsynthese leicht eine Stimulierung der Glykogensynthese ableiten, da in den Leberzellen unter Insulin-Einfluß vermehrt Glykogen-Synthetase gebildet wird (Wool). Gegen die Vorstellung, daß Insulin den Mechanismus Genaktivierung — Proteinsynthese in bestimmter Richtung stimuliert, spricht vor allem, daß Insulin in Gegenwart von Puromycin — einem Antibiotikum, das die Proteinsynthese unterbindet — weiterhin wirksam bleibt. Man entdeckte weiter, daß Insulin die Struktur der Muskelproteine deutlich verändert. Elektronenmikroskopische Untersuchungen konnten zeigen, daß die Cisternen des endoplasmatischen Retikulums nach Insulin erweitert sind. Welche Bedeutung diese Strukturveränderungen für die Zellphysiologie haben, ist noch nicht abzuschätzen. Aus dem Gesagten wird deutlich, daß nicht nur biochemische sondern auch morphologische, speziell elektronenmikroskopische Verfahren Beiträge zur Aufklärung des Wirkungsmechanismus eines Hormons liefern.

Die Fermentaktivierungstheorie hat lange Zeit eine zentrale Stellung in der Hormonforschung eingenommen. Dies ist verständlich, da natürlich alle Veränderungen der Zellfunktion mit Fermentaktivitätsänderungen verbunden sind. So muß, obwohl die Fermentaktivierungstheorie immer mehr an Bedeutung verloren hat, doch als erstes bei der Untersuchung der Zellreaktionen festgestellt werden, welche Fermente aktiviert werden. Daraus lassen sich die Folgereaktionen erklären. Neben dem Insulin sind weitere Beispiele hierfür TSH und ACTH, die Fermentänderungen in der Schilddrüse und Nebennierenrinde hervorrufen. Auch die Phosphorylase-Aktivierung durch Glucagon und Adrenalin ist hier zu erwähnen.

Permeabilitäts-Veränderungen spielen außer bei der Insulinwirkung auch bei der Reaktion auf Hinterlappen-Wirkstoffe eine große Rolle. Es läßt sich etwa der erhöhte Wasserdurchtritt durch die Wand der Amphibienblase damit erklären, daß das Hormonmolekül mit seinen S-S-Gruppen Kontakt zu SH-Gruppen der Membran gewinnt und dort auf folgende Weise gebunden wird:

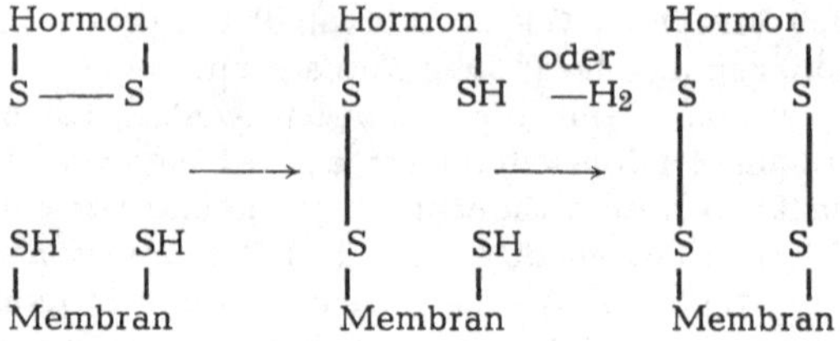

Dies könnte zur Folge haben, daß bestimmte Poren in der Membran aufgerissen werden, so daß Wasser oder andere kleinere Moleküle leichter durchtreten können. Einige der erwähnten Hormone, vor allem Insulin und die Hinterlappen-Hormone, besitzen leicht reagierende SH- oder S-S-Gruppen. Es ist sicherlich charakteristisch, daß gerade von diesen Hormonen eindeutige Permeabilitätseffekte bekannt wurden.

Die Genaktivierungstheorie wurde ursprünglich für den Wirkungsmechanismus der Gonadenhormone aufgestellt (Karlson u. a.). Mit morphologischen Effekten an den Riesenchromosomen der Insekten (puffing-Phänomen nach Ecdyson) wurde ihre Bedeutung sehr klar belegt. Sie umfaßt die in Abb. 39 schematisch dargestellten Abläufe von der Genaktivierung bis zur Proteinsynthese.

Die Aktivierung von Genen kann, wie wir seit den bahnbrechenden Untersuchungen von Jacob und Monod wissen, durch Inaktivierung der als Repressoren im Cytoplasma oder Kernsaft anwesenden Substanzen erfolgen. Ein Regulator-Gen bildet eine makromolekulare Substanz, den Repressor (R). Dieser beeinflußt benachbarte Struktur-Gene (SG) und unterdrückt die Fähigkeit dieser Gene, Boten-RNS zu bilden und somit aktiv zu werden. Das Repressor-Molekül selbst kann mit „Induktoren" oder „Corepressoren" (CR) Komplexe bilden und dadurch zeitweilig inaktiviert werden. Dieses wiederum aktiviert das Struktur-Gen:

SG + R → SG — R (inaktiver Komplex)
SG + R + CR → R — CR + SG (aktives Gen)

Diese Vorstellungen wurden mit Hilfe der Erkenntnisse der Bakteriengenetik erarbeitet, dürfen aber sicherlich auch auf höhere Tiere anwendbar sein, obwohl der Beweis hierfür noch fehlt.

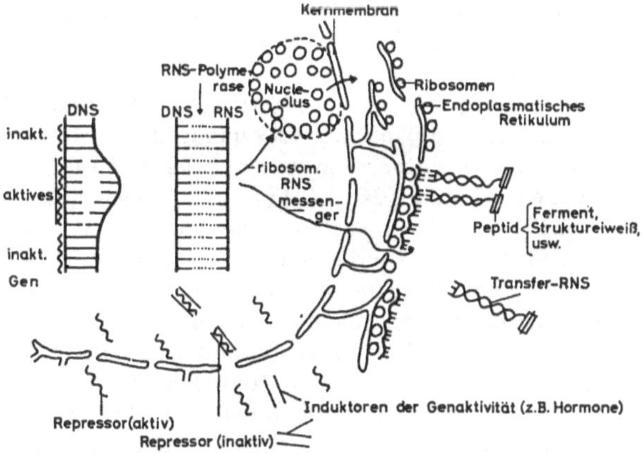

Abb. 39. Schema der Zellphysiologie (Proteinsynthese) Erklärung der Angriffspunkte des Hormonmoleküls in der Zelle (n. KARLSON, JACOB u. MONOD, erweitert)

Von den Chromosomen des Kerns wird sicher nicht nur messenger-RNS sondern auch ribosomale RNS aufgebaut. Bestimmte Chromosomenloci synthetisieren diese RNS. Sie wird in den Nukleolen gespeichert und schließlich an das Cytoplasma abgegeben, wo sie sich in Form von Ribosomen an das endoplasmatische Retikulum anlagert. Die ribosomale RNS dient dem Aufbau des gesamten Syntheseapparates. Bei Zellen, deren Proteinsynthese längere Zeit gehemmt war, muß in der Regel zunächst das Ergastoplasma (endoplasmatisches Retikulum und Ribosomen) neu aufgebaut werden. Die Bildung ribosomaler RNS muß also der erste Schritt bei der Erhöhung der Zellaktivität sein.

In dieses Schema lassen sich alle Hormonwirkungen einordnen. Vom Thyroxin wurde nachgewiesen, daß eine Erhöhung der ribosomalen RNS-Menge die erste Zellveränderung darstellt. Insulin vermehrt die Produktion von Boten-RNS in bestimmte Zellen. Die Gonadenhormone erhöhen den Eiweißgehalt (Strukturproteine) in den akzessorischen Geschlechtsorganen.

Naturgemäß sagt der Nachweis (etwa durch Verfolgen der Einbaurate radioaktiv markierter Aminosäuren), daß Hormone die Proteinsynthese in einer Zelle anregen, noch nichts Eindeutiges über den Wirkungsmechanismus aus. Es bleibt ungeklärt, an welcher Stelle der Zelle das Hormonmolekül fixiert wird, welche Reaktion durch die Bindung des Hormonmoleküls ausgelöst wird, was also wirklich als Primärmechanismus anzusehen ist. Es ist gut vorstellbar, daß das Hormonmolekül einen Repressor bindet und dadurch bestimmte Gene aktiviert. Natürlich wäre auch ein direkter Angriff am Regulator-Gen denkbar. Ob ein solcher Mechanismus aber auch für den Aufbau der ribosomalen RNS bedeutungsvoll ist und wie es dann zur Aktivierung der RNS-Polymerase, die hierzu nötig ist, kommt, ist unbekannt. Nur Spekulationen sind hierüber zur Zeit möglich.

Die Vorstellung, daß vom Hormon zuerst der Aufbau des Ergastoplasmas induziert wird, leitet über zur Theorie der Strukturveränderungen. HECHTER nennt die submikroskopische Struktur der Zelle das Cystoskeleton und betrachtet seine Veränderungen als wesentlichste Hormoneffekte. In einer durch Hormon stimulierten Zelle müssen also elektronenmikroskopische Veränderungen gegenüber einer unstimulierten Zelle feststellbar sein. Diese sind der Aufbau des endoplasmatischen Retikulums, die Erweiterung seiner Cisternen, die Vermehrung der Kanäle u. a. Die Veränderungen können verursacht sein durch Lösen von S-S- oder SH-Brücken, durch Verschiebung von Elektrolyten, die die Strukturen festigen, oder durch Änderung der Wassereinlagerung und anderes.

Besondere Verhältnisse findet man bei der Aktivierung der Nebennierenrindenzellen durch ACTH. Hier werden vor allem Mitochondrien vermehrt und strukturell verändert. Um die Mitochondrien baut sich in diesem Fall ein glattes endoplasmatisches Retikulum auf, das heißt ein Kanalsystem, an das keine Ribosomen angelagert sind. Nach einer interessanten Theorie von HECHTER u. a. soll ACTH dieses Cytoskeleton zum Pulsieren bringen. Durch die Pulsation sollen Cofermente an den Reaktionsort, jenes Retikulum um die Mitochondrien, gebracht werden. Cofermente werden für Fermentreaktionen gebraucht, mit deren Hilfe die Steroide aufgebaut werden. Wenn also diese Cofermente zum Reaktionsort kommen, können dort vermehrt Steroide aufgebaut werden. An den Interrenalzellen der Frösche wurde indessen gezeigt, daß zumindest bei diesen Tiergruppen erst das endoplasmatische Retikulum aufgebaut und die Mitochondrien vermehrt werden (Abb. 29). Die Wirkung des ACTH auf das Cytoskeleton ist somit viel umfassender.

Die letzte Theorie, die die Bildung von 3,5-zyklischen AMP berücksichtigt, stellt den Energiestoffwechsel in den Mittelpunkt der Betrachtung. Zyklisches AMP aktiviert, wie wir besprochen haben, die Phosphorylase und ermöglicht damit den Abbau von Glykogen. Besondere Bedeutung hat dieser Cofaktor natürlich für den Wirkungsmechanismus von Adrenalin und Glucagon. Wenn die Bildung von zyklischem AMP auch bei anderen Hormonwirkungen mitspielt (z. B. bei den Reaktionen auf Hinterlappenhormone), so muß exakt geprüft werden, ob die Ankurbelung des Stoffwechsels nicht eine Nebenerscheinung ist, die für die Energieversorgung notwendig ist.

Alle angegebenen Theorien erklären bestimmte Wirkungen der Hormone. Doch die Frage nach dem primären Wirkungsmechanismus wird weiter gestellt bleiben müssen bis eine eindeutige Antwort vorliegt.

Literaturangaben

Zum Nachschlagen oder weiterem Studium:

BARGMANN W.: Das Zwischenhirnhypophysensystem, Berlin 1954.
BARRINGTON, E. J. W.: Hormones and Evolution, London 1964.
—: An Introduction to General and Comparative Endocrinology, Oxford 1963.
BULLOUGH, W. S.: Vertebrate Sexual Cycles, London 1951.
CARLISLE, D. B. u. F. G. W. KNOWLES: Endocrine Control of Crustaceans, Cambridge 1959.
CHESTER JONES, I.: The Adrenal Cortex, Cambridge 1957.
DORFMAN, R. I. ed.: Methods in Hormone Research, New York 1962.
EULER, U. S. von u. H. HELLER, ed.: Comparative Endrocrinology, New York 1963.
GABE, M.: Neurosecretion, Oxford 1966.
GERSCH, M.: Vergleichende Endokrinologie der wirbellosen Tiere, Leipzig 1964.
GORBMAN, A., ed.: Comparative Endocrinology, New York 1959.
— u. H. A. BERN: A textbook of comparative endocrinology, New York 1963.
HARRIS, G. W. u. B. T. DONOVAN: The Pituitary Gland, London 1966.
HELLER, H., ed.: The Neurohypophysis, London 1957.
JENKIN, P. M.: Animal Hormones I, Oxford 1962.
KARLSON, P., ed.: Mechanisms of Hormone Action, Stuttgart 1965.
—: Kurzes Lehrbuch der Biochemie, Stuttgart 1967.
KRAHL, M. E.: The Action of Insulin on Cells, New York 1961.
LEE, J. u. F. G. W. KNOWLES: Animal Hormones, London 1965.
PINCUS, G., K. V. THIMAN u. E. B. ASTWOOD: The Hormones I—V, New York 1948—1964.
PITT-RIVERS, R. u. W. R. TROTTER: The Thyroid Gland, London 1964.
SCHARRER, E. u. B.: Neuroendocrinology, New York 1963.
STUTINSKY, F., ed.: Neurosekretion, Berlin 1967.
TURNER, C. D.: General Endocrinology, Philadelphia 1966.
ZARROW, M. X., YOCHIM, I. M. u. J. L. MCCARTHY: Experimental Endocrinology, New York 1964.
Weiterhin in laufender Folge:
Memoirs of the Society for Endocrinology
Recent Progress in Hormone Research
General and Comparative Endocrinology (Zeitschrift)

Erklärungen der Abkürzungen

ACTH	—	adrenocorticotropes Hormon
AMP	—	Adenosinmonophosphat
Arg	—	Arginin
Asp	—	Asparaginsäure
Asp (NH_2)	—	Asparagin
ATP	—	Adenosintriphosphat
AVP	—	Arginin-Vasopressin
AVT	—	Arginin-Vasotocin
Cys	—	Cystein
DNS	—	Desoxyribonukleinsäure
DOPA	—	Dioxyphenylalanin
EPS	—	Exophthalmus-erzeugendes Hormon
FSH	—	Follikel-stimulierendes Hormon
Glu	—	Glutaminsäure
Glu (HN_2)	—	Glutamin
Gly	—	Glykokoll
GSH	—	gonadotrope Hormone (FSH, LH und LT)
His	—	Histidin
HVP	—	Histidin-Vasopressin
ICSH	—	LH
ILA	—	»insulin-like activity«
Ileu	—	Isoleucin
IMI	—	immunologisch bestimmtes Insulin
8-IOT	—	8-Isoleucin-Oxytocin
Leu	—	Leucin
LH	—	Luteinisierungshormon
LT	—	Prolactin
LVP	—	Lysin-Vasopressin
Lys	—	Lysin
Met	—	Methionin
MH	—	LT
MSH	—	Melanophorenhormon
OP	—	Oxypressin
OT	—	Oxytocin
Phe	—	Phenylalanin
PLH	—	Palaemon-aufhellendes Hormon
Pro	—	Prolin
RNS	—	Ribonukleinsäure
Ser	—	Serin
SOP	—	Selachier-Prinzip
STH	—	somatotropes Hormon
T_3	—	Trijodthyronin
T_4	—	Thyroxin
TOP	—	teleost oxytocin-like principle — Isotocin
Try	—	Tryptophan
TSH	—	thyreotropes Hormon
Tyr	—	Tyrosin
UDH	—	Uca-verdunkelndes Hormon

Erklärung von Fachausdrücken

Accelerans, Beschleuniger; Nerv, dessen Impulse die Herzfrequenz steigern; (lat. accelere = beschleunigen)
accessorisch, zu einer Hauptmasse hinzutretend (lat. accedere = hinzutreten)
acidophil, mit sauren Farbstoffen färbbar (lat. acidus = sauer, gr. philos = Freund, liebend)
Adaptation, Anpassung an äußere Bedingungen (lat. adaptare = anpassen)
Adenohypophyse, der drüsig gebaute Teil der Hypophyse (gr. adén = Drüse)
Adrenalin, Hormon des Nebennierenmarkes (lat. ad = bei, ren = Niere)
aglandulär, nichtdrüsig oder nicht von Drüsen stammend (gr. a = ohne, lat. glandula = Eichelchen, kleine Drüse)
Akromegalie, Spitzenwachstum, übermäßiges Wachstum von Fingern, Zehen, Lippen, Nase usw. (gr. akros = spitz, äußerst, megas = groß)
Aktinomyzin, Antibiotikum, das die Eiweißsynthese hemmt, indem es die Bildung von messenger-RNS verhindert
androgen, vermännlichend (gr. aner, andros = Mann)
Antagonismus, gegensätzliche Wirksamkeit (gr. antagonistes = Widersacher, Gegenspieler)
Antihormon, Wirkstoff, der die Wirksamkeit eines im Ubermaß vorhandenen Hormons aufhebt (lat. anti = gegen, Hormon s. d.)
Atmungskette, Fermentkette, die die Oxydation des vom Substrat abgespaltenen Wasserstoffs unter Energiegewinn durchführt
Auxine, pflanzliche Wirkstoffe (lat. augere = vermehren)
basophil, mit basischen Stoffen färbbar (gr. basis = Grund, philos = Freund, liebend)
Cholecystokinin, ein die Entleerung der Gallenblase regulierendes Hormon (gr. chole = Galle, kystis = Blase, kinein = bewegen)
Cholesterin, fettähnlicher Stoff, der in allen Zellen und Körperflüssigkeiten vorkommt (gr. chole = Galle, stear = Talg)
Chorion, Zottenhaut, Embryonalhülle, die bei Säugetieren die Verbindung mit der Uterusschleimhaut aufnimmt (gr. chorion = leder)
Chromatophore, Farbzelle (gr. chroma = Farbe, pherein = tragen)
Chromosomen, Kernfäden, Gene tragend, die bei jeder Kernteilung als stark färbbare Gebilde in Erscheinung treten (gr. chroma = Farbe, soma = Körper)
Coferment, wesentlicher Bestandteil eines Fermentes (lat. con = zusammen, fermentare = säuern, gären)
Corpus luteum, Gelbkörper, bildet sich nach der Ausstoßung des Eies aus dem im Eierstock zurückgebliebenen Eifollikel (lat. corpus = Körper, luteus = gelb)
Corticosteroide, Nebennierenrindenhormone (lat. cortex = Rinde, gr. stear = Talg)
Cytohormone, Zellhormone (gr. kytos = Gefäß, Zelle, horman = anregen)

dorsal, am Rücken oder auf der Rückenseite gelegen (lat. dorsum = Rükken)

Duodenum, Zwölffingerdarm, der bei Wirbeltieren und beim Menschen an den Magen anschließende Darmabschnitt, dessen Länge beim Menschen etwa 12 Fingerbreiten beträgt (lat. duodeni = je zwölf)

Ecdyson, Häutungshormon (gr. ecdysis = Häutung)

Ektoderm, das äußere Keimblatt, das Haut und Nervensystem bildet (gr. ektos = außen, derma = Haut)

endokrin, nach innen bzw. in die Blutbahn absondernd (gr. endon = innen, krinein = absondern)

endoplasmatisches Retikulum, im Cytoplasma liegende netzartige submikroskopische Strukturen (gr. endon = innen, plasma = Gebilde, lat. reticulum = Netzwerk)

Entoderm, das innere Keimblatt, das die Auskleidung des Darmes und seiner Anhangsorgane liefert (gr. entos = innen, derma = Haut)

Epiphyse, Zirbeldrüse (gr. epi = darauf, phyein = wachsen)

Ergastoplasma, basophile Cytoplasmabestandteile, Ort der Proteinsynthese (gr. ergon = Arbeit, plasma = Gebilde)

Erythrophoren, Farbzellen, die rotes Pigment enthalten (gr. erythros = rot, phorein = tragen)

Exstirpation, operatives Entfernen eines Organes oder Organteils (lat. ex = aus, stirps = Stamm, exstirpatio = Ausrottung)

Fermente (Enzyme), organische Katalysatoren, die in kleinster Menge wirken (lat. fermentum = Gärung)

Follikel, meist rundliche, von Epithel gebildete histologische Struktur (lat. follikulus = Hautüberzug)

Ganglion, Nervenknoten, Anhäufung von Nervenzellen (gr. Ganglion = Knoten)

Gen, Erbfaktor, Erbeinheit (gr. genos = Geschlecht)

glandotrope Hormone, auf andere Hormondrüsen einwirkende Hormone der Hypophyse (lat. glans = Eichel, Drüse, gr. trepein = zuwenden)

Glandula (glandulär), Drüse (lat. glandula = Eichelchen, kleine Drüse)

Gonade, Keimdrüse, Geschlechtsdrüse (gr. gonos = Same, aden = Drüse)

Gravidität, Schwangerschaft (lat. gravis = schwer)

Glykogen, tierische (im Gegensatz zur pflanzlichen) Stärke, ein zusammengesetzter Zucker, wichtiger Speicherstoff (gr. glykos = süß, genesis = Entstehung; nach Spaltung Zucker bildend)

Histologie, Gewebelehre (gr. histos = Gewebe, logos = Wort, Lehre)

Hormon, regulatorisch wirkender organischer Reiz- oder Botenstoff (gr. horman = anregen, antreiben)

humoral, flüssig oder durch Flüssigkeiten bedingt (lat. humor = Flüssigkeit)

Hyperplasie, Vergrößerung z. B. eines Organes durch Wachstum oder Zellvergrößerung (gr. hyper = über, plassein = bilden)

Hypertrophie, Vergrößerung z. B. eines Organes durch Zellvermehrung (gr. hyper = über, trephein = ernähren)

Hypophyse, eine unter dem Zwischenhirn der Wirbeltiere liegende Hormondrüse (gr. hypo = unter, phyein = wachsen)

Imago, der auf die Entwicklungsstadien folgende geschlechtsreife Zustand der Insekten (lat. imago = das Bild)

Implantation, Einpflanzung besonders von Geweben oder Organen in einen Organismus (lat. planta = Pflanze, implantare = einpflanzen)

Insuffizienz, ungenügende Leistung (lat. insufficientia = Schwäche)

Interrenalorgan, endokrine Drüse zwischen dem Nierengewebe, entspricht Nebennierenrinde von höheren Wirbeltieren (lat. inter = zwischen, ren = Niere)

in vitro, im Glase, d. h. unter künstlichen Bedingungen (lat. in = in, vitrum = Glas)

kapillar, haarfein; Kapillaren, die kleinsten Blutgefäße (lat. capillus = Haar)

Kastration, Entfernung der Keimdrüsen (lat. castrare = verschneiden, entmannen)

Kolloide, nicht kristalline, aber weitgehend lösliche Substanzen von bestimmter Teilchengröße (gr. kolla = Leim, eides = ähnlich)

Laktation, Stillen, Säugen (lat. lactatio = das Stillen, von lac = Milch)

Leukocyten, weiße Blutkörperchen (gr. leukos = weiß, kytos = Zelle)

Lipoide, in fast allen tierischen Zellen vorhandene fettähnliche Substanzen (gr. lipos = Fett, eides = ähnlich)

Lymphocyten, farblose Blut- und Lymphzellen (lat. lympha = Wasser, Saft, gr. kytos = Zelle)

Melanophoren, Farbzellen, die Melanin enthalten (gr. melas = schwarz, pherein = tragen)

Mesenchym, lockeres Füllgewebe, Bindegewebe (gr. mesos = mittleres en+chym = einfüllen)

Metamorphose, Gestaltswandlung, wie sie besonders bei der Entwicklung mancher Tiere durch das Auftreten von Larvenformen vorkommt (gr. metamorphosis = Verwandlung der Gestalt)

Mitochondrien, relativ große Zelleinschlüsse, die vor allem dem Energiestoffwechsel dienen (gr. mitos = Faden, chondrion = Körperchen)

Myxödem, krankhafte Schleimansammlung, besonders im Unterhautbindegewebe (gr. myxa = Schleim, oidein = anschwellen)

Neurokrinie, Ausscheidungen von Nerven (gr. neuron = Nerv, krinein = absondern, abscheiden)

Oestrus, Empfängnisbereitschaft zum Zeitpunkt der Ovulation (gr. oistros = Leidenschaft etc.)

Ovulation, Ausstoßung reifer Eier aus dem Eierstock (Ovarium) bei Menschen und Säugetieren (lat. ovum = Ei)

Pankreas, Bauchspeicheldrüse (gr. pan = alles, kreas = Fleisch)

Persistaltik, in rhythmischen Wellen verlaufende Kontraktionsbewegungen bei muskulösen, rohrartigen Organen oder Tieren, z. B. Därme, Regenwurm (gr. persistaltikos = umfassend und zusammenziehend)

Plasma, Protoplasma, eiweißhaltige Grundsubstanz aller Zellen (gr. plasma = das Gebilde, protos = der Erste, Ursprüngliche)

Puromyzin, Antibiotikum, das die Eiweißsynthese hemmt, indem es den Aufbau der Aminosäureketten blockiert

Resorption, Aufnahme gelöster Stoffe, besonders der verdauten Nährstoffe durch die Darmwand (lat. resorbere = aufsaugen)

Sekret, das Abgesonderte oder Ausgeschiedene; Sekretion, Absonderung (lat. secretum = das Abgesonderte, von secernere = absondern)

Soma, Körper; Somazellen, Körperzellen im Gegensatz zu den Keimzellen (gr. soma = Leib)

Sympathicus, Teil des autonomen, dem Willen nicht unterworfenen Nervensystems, versorgt vor allem die Eingeweide (gr. sympathein = mitempfinden)

Transplantation, Verpflanzung eines Organs an eine andere Körperstelle oder in einen anderen Organismus (lat. trans = über, plantare = pflanzen)

Thymus, Bries, innere Brustdrüse (gr. thymos = Brustdrüse, Kalbsmilch)

Thyreoidea, Schilddrüse (gr. thyreoides = schildartig)

ventral, bauchwärts oder an der Bauchseite liegend (lat. venter = Bauch)

Namen- und Sachverzeichnis

FSC
www.fsc.org
MIX
Papier | Fördert gute Waldnutzung
FSC® C083411

Kolibri 360 GmbH
Ferdinand-Jühlke-Straße 7
99095 Erfurt, Deutschland
produktsicherheit@kolibri360.de